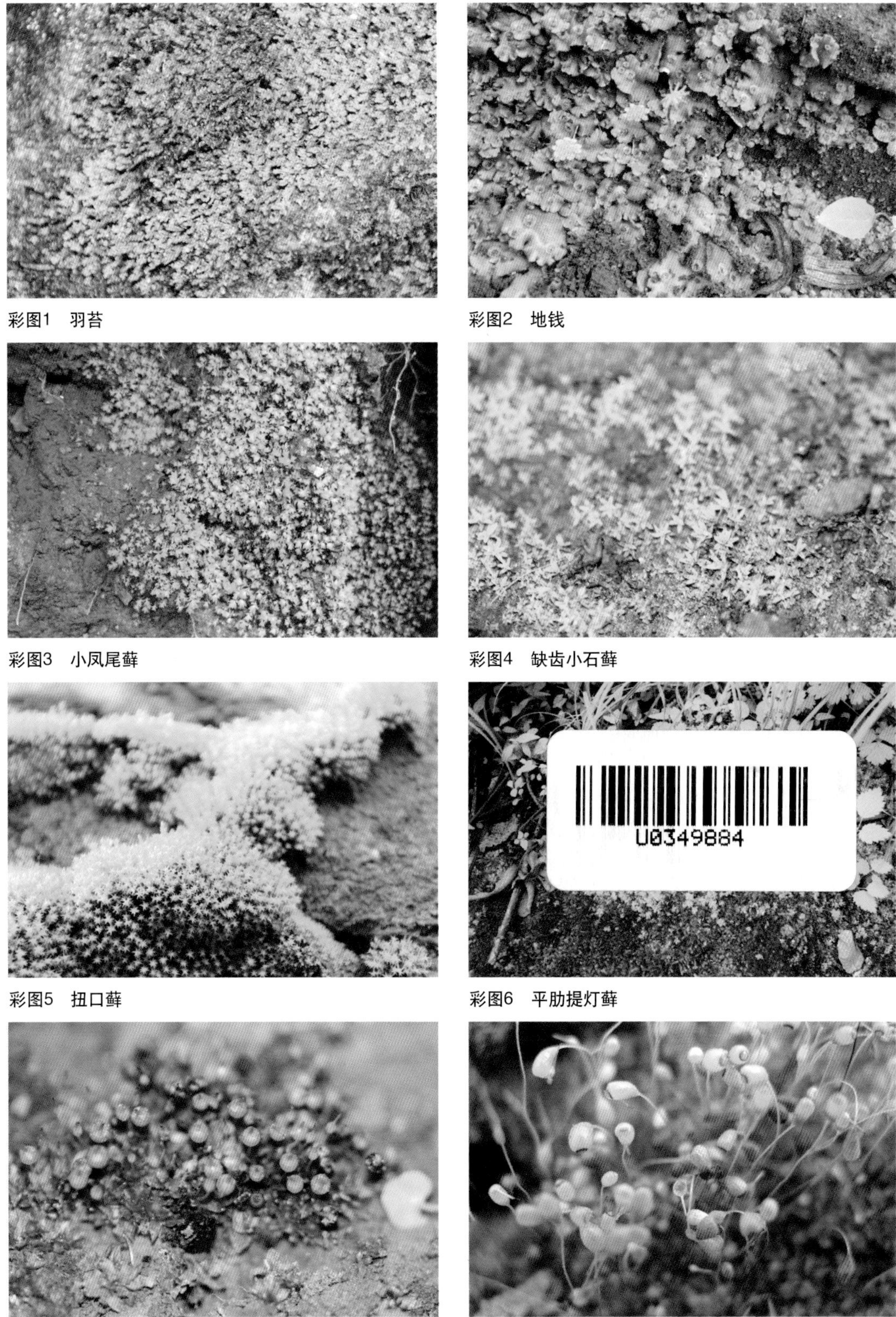

彩图1　羽苔

彩图2　地钱

彩图3　小凤尾藓

彩图4　缺齿小石藓

彩图5　扭口藓

彩图6　平肋提灯藓

彩图7　立碗藓

彩图8　葫芦藓

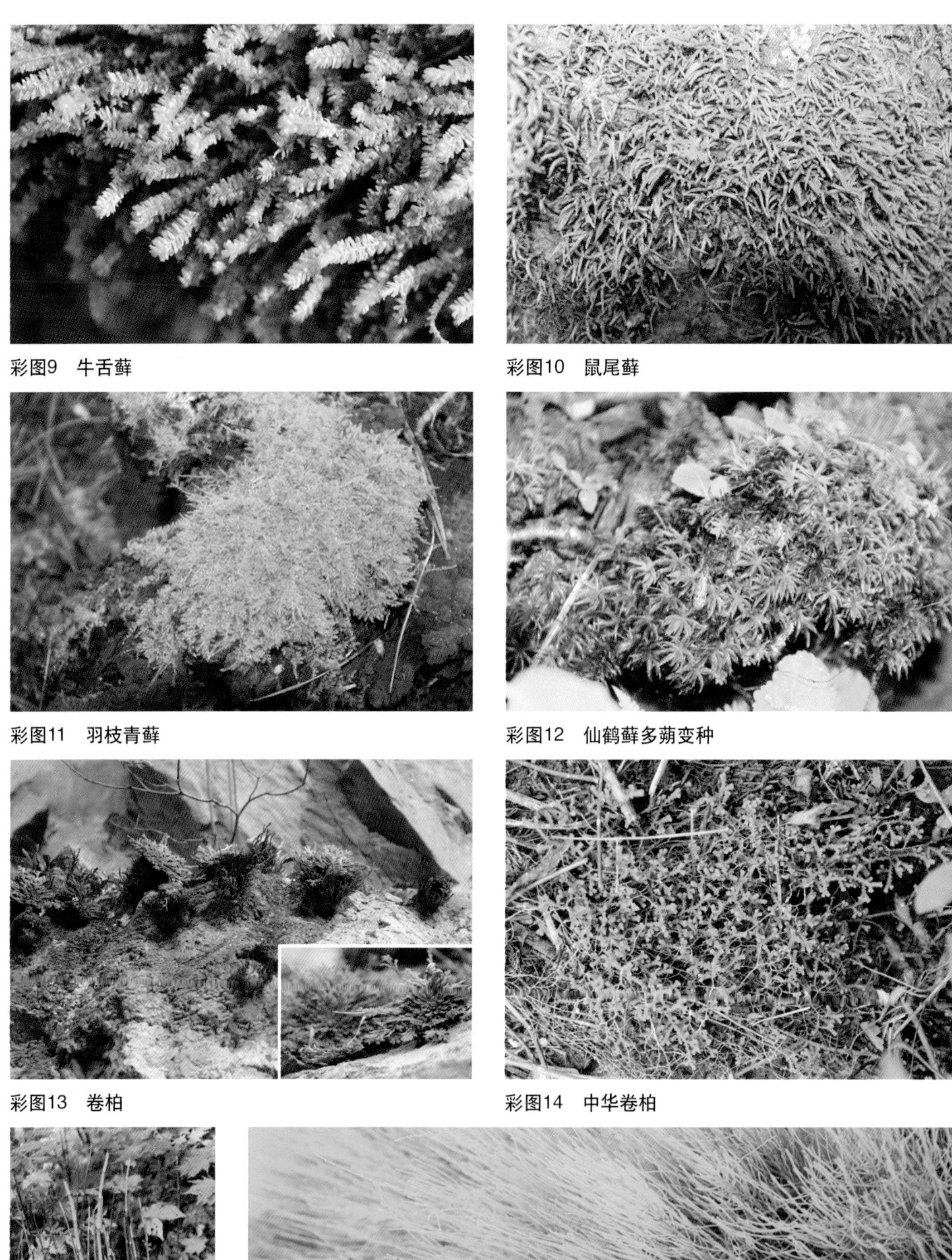

彩图9 牛舌藓

彩图10 鼠尾藓

彩图11 羽枝青藓

彩图12 仙鹤藓多蒴变种

彩图13 卷柏

彩图14 中华卷柏

彩图15 木贼

彩图16 问荆

彩图17 蕨

彩图18 银粉背蕨

彩图19 团羽铁线蕨

彩图20 耳叶金毛裸蕨

彩图21 华北蹄盖蕨

彩图22 北京铁角蕨

彩图23 荚果蕨

彩图24 有柄石韦

彩图25 银杏

彩图26 臭冷杉

彩图27 青杆

彩图28 华北落叶松

彩图29 北美乔松

彩图30 油松

彩图31 侧柏

彩图32 杜松

彩图33　铺地柏

彩图34　圆柏

彩图35　东北红豆杉

彩图36　草麻黄

彩图37　河北杨

彩图38　核桃楸

彩图39　黑桦

彩图40　千金榆

彩图41 虎榛子

彩图42 蒙古栎

彩图43 槲树

彩图44 裂叶榆

彩图45 春榆

彩图46 黑榆

彩图47 小叶朴

彩图48 柘

彩图49 构树

彩图50 狭叶荨麻

彩图51 百蕊草

彩图52 槲寄生

彩图53 马兜铃

彩图54 萹蓄蓼

彩图55 叉分蓼

彩图56 戟叶蓼

彩图57　藜

彩图58　华虫实

彩图59　凹头苋

彩图60　垂序商陆

彩图61　马齿苋

彩图62　鹅肠菜

彩图63　大花剪秋萝

彩图64　女娄菜

彩图65　黄花乌头

彩图66　耧斗菜

彩图67　瓣蕊唐松草

彩图68　毛茛

彩图69　大叶铁线莲

彩图70　长瓣铁线莲

彩图71　短尾铁线莲

彩图72　细叶小檗

彩图73 蝙蝠葛

彩图74 五味子

彩图75 河北黄堇

彩图76 白花碎米荠

彩图77 豆瓣菜

彩图78 播娘蒿

彩图79 糖芥

彩图80 菘蓝

彩图81　瓦松

彩图82　火焰草（繁缕景天）

彩图83　费菜

彩图84　独根草

彩图85　东陵八仙花

彩图86　小花溲疏

彩图87　京山梅花（太平花）

彩图88　杜仲

彩图89　三裂绣线菊

彩图90　风箱果

彩图91　华北珍珠梅

彩图92　白鹃梅

彩图93　北京花楸

彩图94　秋子梨

彩图95　稠李

彩图96　金露梅

彩图97　朝天委陵菜

彩图98　疏毛钩叶委陵菜

彩图99　莓叶委陵菜

彩图100　美丽蔷薇

彩图101　山楂叶悬钩子

彩图102　地榆

彩图103　龙牙草

彩图104　苦参

彩图105　胡枝子

彩图106　黄香草木樨

彩图107　两型豆

彩图108　野大豆

彩图109　大花野豌豆

彩图110　歪头菜

彩图111　红花锦鸡儿

彩图112　紫穗槐

彩图113 甘草

彩图114 蓝花棘豆

彩图115 米口袋

彩图116 酢浆草

彩图117 东北老鹳草

彩图118 旱金莲

彩图119 亚麻

彩图120 蒺藜

彩图121　黄檗

彩图122　臭椿

彩图123　香椿

彩图124　西伯利亚远志

彩图125　乳浆大戟

彩图126　雀儿舌头

彩图127　蓖麻

彩图128　铁苋菜

彩图129 黄栌

彩图130 南蛇藤

彩图131 白杜（桃叶卫矛）

彩图132 糖槭（复叶槭）

彩图133 茶条槭

彩图134 七叶树

彩图135 文冠果

彩图136 水金凤

彩图137 小叶鼠李

彩图138 葎叶白蔹

彩图139 糠椴

彩图140 扁担杆

彩图141 锦葵

彩图142 苘麻

彩图143 野西瓜苗

彩图144 长柱金丝桃

彩图145 双花黄堇菜

彩图146 鸡腿堇菜

彩图147 球果堇菜

彩图148 斑叶堇菜

彩图149 紫花地丁

彩图150 早开堇菜

彩图151 中华秋海棠

彩图152 河蒴荛花

彩图153 狼毒

彩图154 银柳胡颓子

彩图155 中国沙棘

彩图156 千屈菜

彩图157 柳叶菜

彩图158 柳兰

彩图159 君迁子

彩图160 刺五加

彩图161 白芷

彩图162 山茱萸

彩图163 照山白

彩图164 迎红杜鹃

彩图165 黄连花

彩图166 狼尾花

彩图167 胭脂花

彩图168 翠南报春

彩图169 小叶白蜡

彩图170 暴马丁香

彩图171 流苏树

彩图172 秦艽

彩图173 小龙胆

彩图174 荇菜

彩图175 夹竹桃

彩图176 杠柳

彩图177 萝藦

彩图178 田旋花

彩图179 打碗花

彩图180 金灯藤

彩图181 鹤虱

彩图182 荆条

彩图183 京黄芩

彩图184 黄芩

彩图185 多花筋骨草

彩图186 蓝萼香茶菜

彩图187 夏至草

彩图188 木本香薷

彩图189 活血丹

彩图190 糙苏

彩图191 风轮菜

彩图192 百里香

彩图193　龙葵

彩图194　天仙子

彩图195　曼陀罗

彩图196　山萝花

彩图197　红纹马先蒿

彩图198　地黄

彩图199　草本威灵仙

彩图200　角蒿

彩图201　黄花列当

彩图202　牛耳草

彩图203　蓬子菜

彩图204　薄皮木

彩图205　接骨木

彩图206　六道木

彩图207　金花忍冬

彩图208　缬草

彩图209 糙叶败酱

彩图210 蓝盆花

彩图211 党参

彩图212 紫斑风铃草

彩图213 林泽兰

彩图214 飞廉

彩图215 牛蒡

彩图216 苍术

彩图217　火绒草

彩图218　麻花头

彩图219　紫苞风毛菊

彩图220　银背风毛菊

彩图221　西伯利亚橐吾

彩图222　东风菜

彩图223　三脉紫菀

彩图224　牛膝菊

彩图225 桃叶鸦葱

彩图226 毛连菜

彩图227 盘果菊

彩图228 秋苦荬菜

彩图229 香蒲

彩图230 慈姑

彩图231 光稃茅香

彩图232 臭草

彩图233　硬质早熟禾

彩图234　金狗尾草

彩图235　野稗

彩图236　马唐

彩图237　大油芒

彩图238　荩草

彩图239　扁杆藨草

彩图240　旋鳞莎草

彩图241 尖嘴苔草

彩图242 溪水苔草

彩图243 东北天南星

彩图244 鸭跖草

彩图245 竹叶子

彩图246 雨久花

彩图247 铃兰

彩图248 鹿药

彩图249　狭叶黄精

彩图250　玉竹

彩图251　热河黄精

彩图252　藜芦

彩图253　穿龙薯蓣

彩图254　矮紫苞鸢尾

彩图255　二叶舌唇兰

彩图256　大花杓兰

国家林业局普通高等教育“十三五”规划教材

北京地区高等植物野外实习教程

王文和　主编

中国林业出版社

图书在版编目（CIP）数据

北京地区高等植物野外实习教程 / 王文和主编．—北京：中国林业出版社，2017.3
ISBN 978-7-5038-8878-6

Ⅰ.①北… Ⅱ.①王… Ⅲ.①植物学－教育实习－北京－教材 Ⅳ.①Q94－45

中国版本图书馆 CIP 数据核字（2017）第 060109 号

国家林业局生态文明教材及林业高校教材建设项目

中国林业出版社·教育出版分社
策划、责任编辑：许 玮
电 话：（010）83143559 传真：（010）83143516

出版发行 中国林业出版社（100009 北京市西城区德内大街刘海胡同 7 号）
E-mail：jiaocaipublic@163.com 电话：（010）83143500
http：//lycb.forestry.gov.cn
经 销 新华书店
印 刷 北京中科印刷有限公司
版 次 2017 年 4 月第 1 版
印 次 2017 年 4 月第 1 次印刷
开 本 787mm×1092mm 1/16
印 张 11 彩 插 32
字 数 412 千字
定 价 28.00 元

国家林业局普通高等教育"十三五"规划教材

《北京地区高等植物野外实习教程》编写人员

主　　编　王文和

编写人员　（按姓氏笔画排序）

于建军　北京农学院
王文和　北京农学院
田晔林　北京农学院
关雪莲　北京农学院
赵　宏　山东大学（威海）
张睿鹂　北京农学院
黄体冉　北京农学院

前 言

植物学野外实习是植物学教学中不可缺少的重要组成部分，是学生复习、巩固和验证理论知识和联系实际的重要教学环节，同时也是扩大和丰富植物形态解剖学、植物系统分类学、植物生态学、生物多样性等知识范围，培养学生掌握研究植物的方法和了解植物与环境的关系等方面不可缺少的教学手段。可以使学生更多地认识自然界中植物的多样性，从而激发学生学习生物学相关课程的兴趣。

我们在多年野外实习和调查研究的基础上，参阅大量的相关文献资料，编写了这本《北京地区高等植物野外实习教程》，希望在植物学野外实习的过程中对学生们的学习有所帮助。本书是针对北京地区开展野外实习编写的，涉及学生实习的各个环节，适用于北京地区各大院校植物学实习使用。同时，对于深入了解北京地区植物资源、植物的多样性及其合理利用和生态保护都具有一定的意义。

本书的特点归纳为以下几个方面：

1. 本书详细介绍了植物学野外实习的各个环节，尤其在各类植物标本的采集和处理部分用了较多的笔墨，有利于组织和开展教学工作。

2. 本书主要是针对北京地区野外常见的高等植物编写的，栽培植物前面加“*”，地方特色明显，区域性强，更具有实用性。

3. 苔藓植物基本参照《河北植物志》第一卷顺序排列；蕨类植物按照秦仁昌教授1976年系统排列；裸子植物按照《中国植物志》第七卷系统排列；被子植物各科参照《北京植物志》系统排列，从而方便北京地区教师教学和学生学习。

4. 书中采用的植物学名均以《中国植物志》〈Flora of China〉及最新资料中的学名为准，做到学名的规范、统一。

5. 插图依据《中国植物志》仿绘，共计264幅黑白线条特征图和256幅典型植物彩色图，具有较强的直观性。

6. 植物种类全面，本书编写了苔藓植物、蕨类植物、裸子植物、被子植物的分科、分属和常见分种检索表，具有工具书的特点。

7. 书中有北京地区植物学实习地点介绍、各类植物标本采集、制作和保存的知识、植物命名简介，把野外实习急救常识、植物学及植物园相关网站、植物学相关论坛及博客以附录形式给出，方便学生在实习中开拓视野。

本书在编写过程中得到了北京师范大学、中国农业大学、北京林业大学、首都师范大学等同行的大力支持，特别是山东大学（威海）赵宏教授参与编写，并无偿提供其多年来改绘的多幅黑白图，使本书增色不少，在此深表谢意！

本书由王文和任主编，具体编写分工如下：苔藓植物部分和主要由田晔林编写，蕨类植物部分和附录一主要由张睿鹏编写，裸子植物部分主要由关雪莲编写，其余由王文和、于建军、黄体冉、赵宏编写。彩色原生态物种图从各位编者多年拍摄的图片中精选而出。

本书适用于农林、师范和综合性大学的生物科学、农学、林学、园林、环境生态等各本科专业的植物学、生态学野外教学配套使用或参考。

由于水平有限，不当之处难免，敬请广大师生提出指正。

编 者

2016 年 10 月

目　录

第一章　北京地区植物学实习地点简介

第一节　北京地区的自然概况

北京市是我国的首都，处于华北平原的西北端，东部与天津市毗邻，并与天津一起被河北省环绕。以天安门为中心，位于北纬39°54′27″，东经116°23′17″，市辖14区2县，面积约16 400km^2。东部和南部属于华北大平原，北部和西部是山区。山区约占全市面积的3/5。北部山地称为军都山，属于燕山山脉；西部山区称西山，属于太行山脉；两条山脉在南口汇合。山地大部分海拔在1000m以下；最高峰为东灵山，海拔高达2303m。山区和平原交界处，有海拔200m以下的丘陵地带，自西北向东南形成平缓降落的坡度。北京平原是由许多大大小小的扇形地和冲洪淤积平原连接而成的，形成这些平原的河流有永定河、潮白河、温榆河、拒马河和泃河等。

北京地区四季分明。冬季偏北的气流活动频繁，寒冷而干燥；夏季盛行来自海洋的偏南气流，温和而湿润，所以是典型的暖温带半湿润大陆性季风气候。北京年平均气温为11.8℃；最热月是7月，平均气温为26.1℃；最冷月是1月，平均气温为-4.7℃。无霜期较长，全年无霜期为180～200天。北京的年降水量平均为638.8mm，多集中于夏季，6、7、8三个月的降水量约占全年降水总量的74%，其中以7月降水量最大，而且多为暴雨。冬季降水量最少，只占全年的2%，秋季降水约占全年的14%，春季降水约占全年的10%。所以，春旱严重是北京气候显著特征之一。

复杂的地质地貌和夏季高温多雨的气候条件，孕育了北京地区较为丰富的植物资源。根据植物区系调查研究的结果以及现有相关资料的初步统计，北京地区共有野生维管植物1644种，隶属于673属，140科。其中蕨类植物79种，裸子植物10种，被子植物占绝对优势，有1555余种。苔藓植物初步报道40科116属320种左右。

北京地区的野生植物中，不乏珍稀保护植物，北京市人民政府于2008年2月15日发布了《北京市重点保护野生植物名录》，其中一级保护植物有：扇羽阴地蕨[*Botrychium lunaria*（L.）Sw.]、槭叶铁线莲（*Clematis acerifolia* Maxim.）、北京水毛茛（*Batrachium pekinense* L. Liou）、刺楸[*Kalopanax septemlobus*（Thunb.）Koidz.]、轮叶贝母（*Fritillaria maximowiczii* Freyn）、紫点杓兰（*Cypripedium guttatum* Sw.）、大花杓兰（*Cypripedium macranthum* Sw.）、杓兰（*Cypripedium calceolus* L.），二级保护植物71种及除上述3种兰科植物以外的

所有兰科植物，总计约100种。

北京地区是我国人类历史活动比较频繁的地区之一，原始森林植被——北温带落叶阔叶林早已破坏殆尽，现在部分山区仅残存着小片天然次生林，它们仍保持着原始天然植被的基本特征。对这些小片的天然次生林加大保护力度和科学的合理经营，将有望加速天然次生林的演替及植被的恢复与重建。

北京地区的自然保护区始建于20世纪80年代。早在1985年，北京市建立了首批市级自然保护区——百花山自然保护区和松山自然保护区。翌年7月，松山晋升为国家级自然保护区。2008年百花山自然保护区晋升为国家级自然保护区。近年来，北京市加大自然保护区建设力度，建立了怀沙－怀九河等水生野生动物自然保护区，保护水生动物及湿地生态系统。1999年又建立了面积180km^{2}的喇叭沟门自然保护区，用以保护紫椴、黄檗以及金钱豹等珍稀野生动植物。2000年，北京又增石花洞、野鸭湖、雾灵山、云蒙山、云峰山等六大自然保护区，总面积为226km^2，占全市面积的15%，用来保护云杉、天然油松等大批珍稀动植物。截至2016年年底，北京地区共建立各种类型的自然保护区20处，其中国家级自然保护区2个，市级自然保护区12个，县级自然保护区6个，总面积1342.6km^2，占北京地区总面积的8.0%。

第二节　植物学实习的主要基地

一、松山自然保护区

1. 概况

北京市松山自然保护区始建于1985年，并于1986年晋升为国家级森林和野生动物类型自然保护区，从而成为北京市首个国家级自然保护区。

松山自然保护区共分为五个区域，分属三种类型，包括两个核心保护区、两个缓冲条带和一个实验区域。核心区保护对象是天然油松林、落叶阔叶次生林及其蕴含的野生动植物资源。主要分布在北部和西南部，其中北部核心区面积为1365.1hm^2，西南部核心区面积453.9hm^2，共计1819hm^2，占保护区总面积的39.4%。北部缓冲区面积为786.5hm^2，西南部缓冲区面积为476.58hm^2。两处缓冲区面积共1263hm^2，占保护区总面积的27.1%。考虑到生态旅游和当地居民生活要求，松山保护区还设有实验区域。实验区是保护区内人为活动相对比较频繁的区域，区内可以在国家法律、法规允许的范围内开展科学试验、教学实习、参观考察、旅游、野生动植驯养繁殖及其他资源的合理利用等。

2. 地理位置

松山自然保护区位于北京市西北部延庆县海坨山南麓，地处燕山山脉的军都山中，总面积4671hm^2，距北京市区仅90km，地理坐标为东经115°43′44″~115°50′22″，北纬40°29′9″~40°33′35″。西、北分别与河北省怀来县和赤城县接壤，东、南分别与延庆县张山营镇佛峪口、水峪等村相邻。在保护区腹地有一行政村，即延庆县张山营镇大庄科村。

3. 气候环境条件

松山地区处于暖温带大陆性季风气候区，受地形条件的影响，与延庆盆地相比，气温偏低，湿度偏高，形成典型的山地气候，是北京地区的低温区之一。山前低山地带年平均气温 8.5℃，最高温 39℃，最低温 -27.3℃，年降水量 450mm。中山地带年平均温度为 4~5℃，年降水量 600mm。山顶年平均温度只有 2℃左右。

松山保护区地形复杂，海拔高度变化大，最低处 627.6m，最高处 2198.4m(大海坨峰，北京地区第二高峰)。松山自然保护区内群山叠翠，古松千姿百态，山涧溪水淙淙，谷中山石嶙峋，生物多样性丰富。

4. 植物资源

根据调查，保护区苔藓植物有 28 科 62 属 115 种，其中苔类 6 科 6 属 6 种，藓类 22 科 56 属 109 种。保护区现有维管束植物 109 科 413 属 783 种及变种(其中野生维管束植物 106 科 380 属 713 种及变种)，占北京地区同类植物总数的 49.8%，其中蕨类植物 14 科 18 属 26 种，裸子植物 3 科 4 属 5 种，被子植物 89 科 358 属 682 种。

松山植物区系以华北植物区系的植物为主要成分，属于泛北极植物区、中国 - 日本森林植物亚区的华北平原山地亚区。保护区的植物以温带分布占优势，典型的温带物种包括蔷薇科、禾本科、菊科、百合科、十字花科等。

保护区海拔 500~1000m 分布着天然油松林。海拔 800~1200m 分布着以黑桦、白桦为主的次生林，沟谷中有核桃楸等组成的杂木林。海拔 1000~1800m 为林缘草甸。海拔 2000m 以上的山顶，为苔草、禾草和其他杂草组成的亚高山草甸。全区四面环山，地势北高南低，在东南部佛峪口有一个出口，为佛峪口水库。区内地形比较复杂，海拔高度 627.6~2198.4m，多数山地在 1200~1600m 之间，主要生境为阔叶林、灌木草丛等，针叶林主要为油松林，山顶为亚高山草甸。西部的大庄科与小庄科之间，形成高度达 30~40m 的洪积台地，多为村庄和农田。溪流较为普遍，几条主沟均有水流出，溪边杂草丛生，也有一些灌木和高大乔木。山崖也较常见，植被稀疏，仅有少量的树木和杂草。

二、百花山自然保护区

1. 概况

百花山自然保护区 1985 年建立，2008 年 1 月被国务院审定为国家级自然保护区，保护区距市区 100km，道路交通便利。北京百花山国家级自然保护区总面积为21 743.1hm^2，其中核心区面积 6836hm^2，缓冲区面积 4880.64hm^2，实验区面积10 026.46hm^2。保护对象为待恢复的天然落叶阔叶次生林生态系统。

2. 地理位置

保护区位于北京市门头沟区清水镇境内，范围在东经 115°25′~115°42′，北纬 39°48′~40°05′之间。东以马栏山海拔 500m 为起点，向东南沿山脊线到百花山主峰海拔 1991m，沿门头沟区和房山区行政区界至最高峰百草畔 2043m；西从北京市与河北省涞水县交界处的全树塔起，向北沿北京市与河北省涿鹿县、怀来县地界，至北京市门头沟区清水镇与怀来县交界处的 1922m 山峰，再沿山脊线经门头沟区清水镇与斋堂镇行政交界线至马栏林场。

3. 气候环境条件

百花山地处暖温带半湿润大陆性季风气候区，四季特征明显，昼夜温差大。年平均气温 10.8℃，1 月气温最低，平均约 -5℃，7 月气温最高，平均 24℃左右；年降水量约 600mm，6~8 月的降水量约占全年降水量的 75%；全年无霜期约 200 天。

百花山地形、地貌、地质条件复杂，具有很高的科学研究价值和游览观赏价值。百花山不仅环境独特，风景优美，气候凉爽，而且水资源相当丰富，条条沟壑溪水长流，自海拔 900~2000m 处均有清泉分布，且水质极好，无污染。

4. 植物资源

百花山动、植物资源丰富，素有华北“天然动植物园”之称。保护区有高等植物共计 131 科 485 属 1100 种。特有种类有百花山葡萄(*Vitis baihuashanensis* M. S. Keng et D. Z. Lu)，是百花山花楸[*Sorbus pouhuashanensis*(Hance) Hedl.]、百花山柴胡[*Bupleurum chinense* DC. f. *octoradiatum* (Bge.) Shan et Sheh]、百花山毛苔草(*Carex capillaries* L. var. *pohuashanensis* Y. Yabe)、百花山鹅观草[*Roegneria turczaninovi* (Drob.) Nevski var. *pohuashanensis* Keng]的模式种采集地；国家重点保护植物有紫椴和黄檗 2 种；17 种兰科植物均为国际贸易公约规定的濒危野生植物种。

三、东灵山自然风景区

1. 概况

东灵山自然风景区距北京城区 122km，其顶峰海拔 2303m，是北京市的第一高峰。西与龙门森林公园毗邻；东与龙门涧景区相连；南与 109 国道相通，由于其海拔高度所致，使灵山在方圆 25km^2 内形成北京地区集断层山、褶皱山为一体，奇峰峻峭、花卉无垠的自然风景区。

2. 地理位置

位于北京市门头沟区西部，地理坐标为东经 115°26′~115°30′，北纬 40°00′~ 40°02′。

3. 气候环境条件

东灵山为小五台山余脉，属太行山脉。海拔高度大多高于 1000m。据中国科学院北京森林生态系统定位研究站的观测(站点海拔高度 1150m)，东灵山地区年平均气温 5~11℃，最热的 7 月平均气温为 18.3~25.1℃，最冷的 1 月平均气温 -10~ -4℃，年降水量为 500~650mm。地貌以山地侵蚀结构类型为主，山势陡峭，河流下切严重。土壤主要为山地棕壤土和山地褐土。

4. 植物资源

东灵山生物多样性丰富，主要植被类型包括栎林、落叶阔叶混交林、桦木林和山杨林等。还有两类人工针叶林类型，即油松林和落叶松林。灌丛有六道木、绣线菊和鬼见愁锦鸡儿等。共有维管束植物 107 科 844 种，其中蕨类植物 12 科 33 种，裸子植物 4 科 11 种，被子植物 91 科 800 种。

四、鹫峰国家森林公园

1. 概况

鹫峰国家森林公园隶属北京林业大学，是国家 AAA 级旅游景区，全国青少年科普活动基地。鹫峰主峰海拔 465m，公园最高峰 1153m，是海淀区第二高峰。公园共划分为鹫峰中心区、寨儿峪谷壑区和萝芭地山顶区三大旅游景区。其中，鹫峰中心区位于公园的核心部位，主要以人文古迹和自然景观为主；寨儿峪谷壑区则以人工营造的森林景观、巧夺天工的奇石地貌和各种各样的木本观花植物构成景区的主要景色；萝芭地山顶区位于海拔900m 以上，茫茫林海、无数野花、高山草甸构成了独特的景观。

2. 地理位置

鹫峰森林公园坐落于海淀区小西山风景区，距颐和园 18km，是北京著名的森林公园，北京林业大学的试验林场。南边是大觉寺，北边是阳台山风景区。北纬 39°54′，东经116°28′，南连太行山，北接燕山山脉。远望鹫峰，山峦上的两座山峰相对而立，宛如一只振翅欲飞的鹫鸟，栩栩如生，鹫峰因此得名。

3. 气候环境条件

典型的华北大陆性季风气候，春季干旱少雨，夏季炎热多雨，冬季干燥寒冷。年平均气温 12. 2℃，最高气温 39. 2℃，最低气温 -19. 6℃。年降水量 500mm，多集中在 7~8 月。无霜期 180 天，晚霜在 4 月上旬，早霜在 9 月上旬。不同海拔高度及坡向显著影响植物的生长期，山顶和山底相差 20 天左右，阴坡和阳坡相差 15 天左右。土壤在海拔 70~900m 之间主要为雏形土，900m 以上主要为淋溶土。

4. 植物资源

植被类型属于温带落叶林带的山地栎林和油松林带。林地面积 832. 04hm^2，森林覆盖率高达 96. 2%，共有陆地植物 121 科 447 属 955 种，是绿色植物的天然储藏地。

五、喇叭沟门自然保护区

1. 概况

喇叭沟门原始森林生态景区总面积 90km^2，是北京市面积最大、生物种类最丰富的天然林区。这里千岩万壑，危崖耸峙；气候清凉，空气清新；林海茫茫，绿浪涛涛，是北京地区少有的避暑胜地之一。景区内地表海拔 700~1700m，海拔 1000m 以上的山峰有 20 多座。景区内幽深安静的山地环境、广阔的森林空间和森林植被，使这里成为野生动物栖息繁衍的理想家园。

2. 地理位置

喇叭沟门自然保护区地处北京市最北部山区，地理坐标为东经 116°17′~116°42′，北纬 40°42′~41°04′。位于燕山山脉中西部，山体多为中生代和新生代燕山运动时期侵入的花岗岩。地势自东北向东南倾斜，全区地貌主要由六条长达数十千米的宽阔沟谷形成，最低点位于自然保护区东南部的对角沟门，海拔 424m，最高点为其西北部的南猴顶，海拔 1697m，也是怀柔区的最高峰。

3. 气候环境条件

喇叭沟门自然保护区年平均气温 7~9℃，最冷月(1 月)平均气温 -8~12℃，7 月平均气温 11~24℃，≥0℃积温为 2800~3900℃，年降水量为 500mm 左右，无霜期为 120~140 天。土壤以棕壤和褐土为主，棕壤主要分布于海拔 800m 以上的山地森林中，土壤湿润，有机质含量高；褐土主要分布于 800m 以下地区，由于植被受人为破坏严重，土壤较为贫瘠干旱，有林分地段则相对较好。

4. 植物资源

喇叭沟门自然保护区地带性植被为松栎林，由于长期受人为破坏，现主要为大面积的次生林，森林覆盖率为57.2%；植被类型多样，主要有蒙古栎林、山杨林、白桦林、油松林和三裂绣线菊灌丛、荆条灌丛及毛榛灌丛等。报道现有维管植物655种13变种及变型，隶属于102科367属。

六、云蒙山自然保护区

1. 概况

云蒙山自然风景区总面积2208 hm^2。山体主要由火山岩构成，群峰迭起，峭壁千仞。境内山势耸拔，沟谷切割幽深，奇峰异石多姿，飞瀑流泉遍布，云雾变幻莫测，林木花草馥郁，自然风景十分优美。其主峰海拔1413.7m，雄踞于怀柔区和密云县交界的层峦叠嶂之上，是京郊东北距首都最近的一座名山，素有北方“小黄山”之称。

2. 地理位置

位于北京市密云县西北部，距北京城区85km，地理坐标为东经116°40′~116°50′，北纬40°26′~40°38′。

3. 气候环境条件

据密云县多年气象观测资料推测，云蒙山的气温一般比山下平原区低6~7℃，1月均温约-10℃，7月平均气温20~24℃，年平均气温7℃。年最低气温-27.3℃，最高温度为38.8℃，大于10℃的有效积温为3861.4℃，生长期228天。

4. 植物资源

云蒙山自然保护区内森林茂密，植被类型在北京地区较为丰富，具有较强的地带性和特殊性，植被覆盖率达91%。其中包括有核桃楸林、黄檗林、紫椴林、山杨林、蒙古栎林等，区内除了有枫杨、刺楸等稀有树种种群外，还有五味子、羊耳蒜、草芍药等珍稀植物资源。据报道云蒙山林区共有维管束植物98科319属548种和变种。

七、雾灵山自然保护区

1. 概况

雾灵山国家级自然保护区主体部分位于河北省北部承德市兴隆县境内，少部分属于密云县境内。该区境内山地属燕山山脉，是燕山山脉的中段，其主峰歪桃峰即坐落在核心区的中央。被誉为“京东之首”。

2. 地理位置

地处北京市的东北部山区，地理坐标为东经117°19′~117°25′，北纬40°34′~40°38′，地处北京、天津、承德、唐山四市之间，距北京城区140km。

3. 气候环境条件

雾灵山属暖温带湿润大陆季风区，具有雨热同季、冬长夏短、四季分明、昼夜温差大的特征。年平均气温7.6℃，最冷月在1月，平均气温-15.6℃，绝对低温为-28~-25℃；最热月在7月，平均气温17.6℃，绝对高温一般为36~39℃。日均气温稳定，超过10℃的日期约在5~10月。≥10°的积温3000~3400℃。年均降水量763mm，局部可达

900mm。平均相对湿度 60%。无霜期 120 ~ 140 天。

在地质构造上，主要以沉积岩为主，除一小部分为太古代片麻岩外，山体多为中生代和新生代燕山运动时期侵入的长石岩。土壤以山地褐土为主，在海拔较高的地方有山地棕壤，在海拔 1000m 以下的一些低山台地或山脚也有小面积的山淤土分布。其中褐土面积最大，主要分布在中山地带，土层厚度一般在 20 ~ 70cm，中性或微碱性，山地棕壤主要分布在高山地带，土层厚 30 ~ 80cm，中性或微酸，土壤水分丰富。

4. 植物资源

自然保护区现存的植被主要是原始森林破坏后更新起来的次生林和早期人工林，并残存少量原生性森林，森林覆盖率为 67%。该区有高等植物 168 科 665 属 1870 种，其中有北京地区少见的大面积杨桦成熟林，并且在南横岭和云岫谷等地零星分布着青杆、紫椴、麻核桃、金莲花、升麻、大花银莲花等列入中国植物红皮书《中国珍稀濒危保护植物》的物种 10 个。

八、北京植物园

北京植物园位于北京的西北郊，在香山公园和玉泉山之间，坐落在寿安山南麓，占地 56.5 hm^2。距市中心 23km。北京植物园建于 1955 年。植物园现已建成开放区逾 200hm^2，由植物展览区、名胜古迹游览区和自然保护区组成。植物展览区包括观赏植物区、树木园、盆景园、温室花卉区。观赏植物区由牡丹园、芍药园、月季园、碧桃园、丁香园、木兰园、集秀园(竹园)、海棠栒子园、绚秋苑、宿根花卉园、水生植物园、梅园等 12 个专类园组成；树木园由银杏区，松柏区、槭树蔷薇区、椴树杨柳区、木兰小檗区和正在兴建的悬铃木麻栎区、泡桐白蜡区组成；盆景园于 1995 年建成开放；2000 年 1 月 1 日对外开放的展览温室栽培展示了来自世界各地的数千种热带亚热带植物，是目前亚洲最大的植物展览温室。

植物园栽培了 6000 多种植物，包括 2000 种乔木和灌木，1620 种热带和亚热带植物，500 种花卉以及 1900 种果树、水生植物、中草药等。名胜古迹有卧佛寺、樱桃沟、隆教寺遗址、“一二・九”纪念亭、梁启超墓地、曹雪芹纪念馆等。

北京植物园是国家 AAAA 级旅游景区、全国林业科普基地、全国野生植物保护科普教育基地、全国青少年科技教育基地、中央国家机关思想教育基地、北京市科普教育基地、北京市首批精品公园。隶属于北京市公园管理中心。是植物学实习较好的基地。

九、北京教学植物园

北京教学植物园是在老一辈革命家彭真同志的关怀下，1957 年由吴晗同志主持创建的。位于崇文区龙潭湖百果园 3 号，占地 11.65hm^2。隶属于北京市教育委员会，是全国唯一一所专门为大中小学相关学科教学实习、科普及环境教育、中小学师资培训、生物实验和劳技实习材料繁育供应、校园绿化美化提供服务的教育教学单位。是“全国科普教育基地”“北京市科普教育基地”“北京生态道德教育基地”。历经近 60 年的风雨，为促进北京市的基础教育教学和科普工作发挥了独特的重要作用，深受师生欢迎。

北京教学植物园现建有树木分类区、水生植物区与人工模拟湿地、草本植物区、农作物展示区、木化石园区、温室植物区、动植物标本展室等标本展示教学园区。园区内根据中小学教育教学需要选择和配置植物，共种植植物1500余种。在各园区设置有特殊植物说明牌和专题科普橱窗。并设有科普展览室、多功能科普报告厅、动手活动室、开放实验室、动植物标本室、植物组培室、气象站、太阳能利用、雨水收集等多种科普设施，是植物学实习的又一理想场所。

第二章　种子植物标本的采集、制作与保存

植物标本的采集、制作与保存是植物学野外实习的重要内容之一，学生必须了解和掌握。外出采集标本前必须做好细致而周密的计划，提前和实习地管理部门取得联系，获得允许采集和带出标本的许可。采集过程非常重要，要认真采集，全面记录，细心整理，妥善保存。切记保存记录完整的少而精的标本远比许多信息不清的大量标本更有价值。力争做到每一份标本都能达到以下要求：

1. 能代表某一居群或表现出居群变异幅度，并有明确的采集号。

2. 具有详细的采集记录（至少包括采集人和采集号、采集日期、地点、生境，以及标本变干后可能失去的细节）。

3. 制作规范精细，保存完好。

第一节　标本采集和编号

一、标本采集和编号所需的器具

1. 工具：小刀、树剪、高枝剪、修枝锯、斧头（或弓锯）、铁锹（或其他挖掘工具）、小铲子、凿子、铁锤、防刺手套等。

2. 不同大小和厚度的自封聚乙烯塑料袋。

3. 野外活页夹：即两张比台纸略大、一侧长边由皮带连接在一起的轻板，里面装有吸水纸，用来保存那些枯萎过快而不适宜放于塑料袋中携带的植物标本。

4. 标签和铅笔：书写采集信息用。

5. 盛固定液或保存液的广口带盖塑料瓶：用于采集小型材料或固定切取下的器官。

6. 用于观察林冠的望远镜。

二、采集对象及采集数量

先要观察四周、熟悉生境，对各物种的频度和可采度进行估计，然后再采集真正能代表该居群的完好植株作为标本。

判定采集植株的哪些部分以及怎样使整个植株的形态、大小和其他特征在标本室内得

到最真实的反映，尽可能多地保留标本信息。好的标本应包括各种器官和各发育阶段的大量样本。采集时以下几点值得注意：

1. 应采集支撑茎，并且保存附着的叶柄、腋芽和托叶（图 2-1），尽量保持复叶的完整性。

2. 应将木质化部分剪去，以展示尽可能多的分枝方式。从支撑茎上长出的小枝或分枝一般都不可能提供这种信息。只要有可能，茎尖应予以保留（图 2-2）。

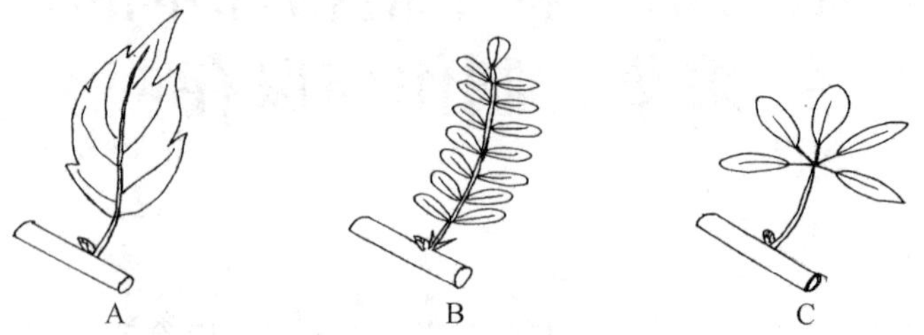

图 2-1　保持茎上叶柄连接方式的剪切方法

A. 单叶；B. 羽状复叶；C. 掌状复叶

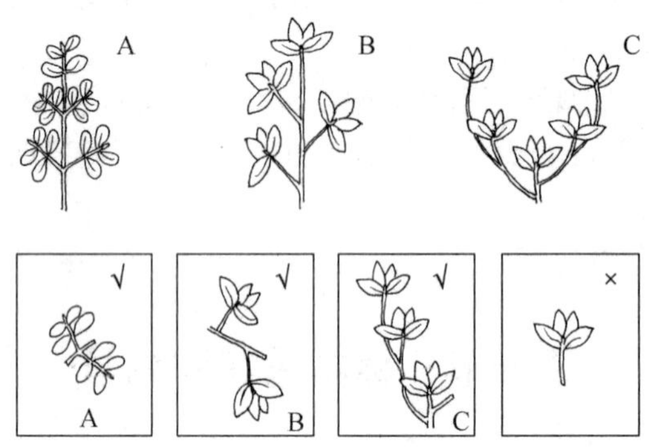

图 2-2　保持分枝方式的剪切方法

A. 对生方式；B. 互生方式；C. 合轴方式

不正确的剪切结果可能来自这三种中的任何一种

3. 要注意寻找下列几种类型：

（1）异型叶（不同形状的叶片）：包括幼叶和阴生叶，并加以注明。

（2）雌雄同株（即雌花和雄花生长在同一植株上）：最好两种花都要采到。

（3）雌雄异株（即雌花和雄花生长在不同植株上）：雌雄株应分别采集和编号，若是小型植物的居群，应采集足够多的两性材料作为复份标本。

（4）花柱异长植物（两性花具长花柱和短花柱的类型）：不同的类型要分别采集和编号，若是小型植物的居群，则可采集足够多的两种类型的材料作为复份标本。

（5）每个采集号只能含有一个分类单元的标本。

（6）如果植株很大，也应将标本采全（包括采集记录），以保证标本的价值。这些标本一个采集号可能要占用几张台纸。

（7）如果植株很小，应采集若干个体放在一张台纸上。

(8)应将散落的花果收集放于袋中，再与标本放在一起，并在纸袋上注明采集号。

(9)如果可能，所有的标本都应采集复份标本。

(10)如果已知某些物种为稀有种，则应注意加以保护。采一份配以照片，或仅拍摄照片，不采集植物。

4. 特殊植物的处理方法如下：

(1)肉质或多汁植物应将其纵切或横切，有时需将其内部的组织挖掉，想办法使其尽快干燥。

(2)采集漂浮或水下植物时可用纸板把标本“漂浮”到纸板上去，然后将水倾掉，压吸水纸使其干燥。

(3)垫状或丛生植物一般很难压制整棵植株，一般取大小适宜的某部分进行压制或可放在衬填的标本夹或标本盒子中干燥。

(4)具有鳞茎或球茎植物应将其从地下挖出，去土。小鳞茎或球茎可纵向切开，大的则应切成片状。

(5)如有必要，树皮样品可剥取 10cm ×4cm 的条块，干燥时要尽量保持平坦，并与腊叶标本归放在一起。

三、采集编号

每份采集材料必须有一个唯一的编号。如果在标记过的同一树上，在不同月份里采集的花、果应编成不同的号码，但可在各号标本上加注，以供相互参照。

每一采集号一般应是某年份某个采集人或某标本室的独特流水号，应从 1 开始连续编号。如北京农学院植物标本室 1/2014，2/2014，接着 1/2015，2/2015 等。

用铅笔在标签上写下采集号挂在每个标本上，最好在包有标本的折叠纸上也写上号码。对那些已切开的植株(或器官)，要用标签明确标明各部分的相互关系和顺序。

第二节　数据记录

一、记录所需的器具

1. 记录本：越结实越好，许多标本馆都有自己设计和印制的记录本。

2. 日记或笔记本：用于记录路线、地形、遇见的人、旅行详情、野外草图等。

3. 铅笔：外表色彩鲜艳的硬度为 HB 至 2B 铅笔最合适。

4. 卷尺和长绳：用于测量树干直径。

5. 照相机：是野外采集植物标本至关重要的辅助手段，不仅对植物或其生境是一个永久记录，而且好的照片还记录了许多直观有用的信息。

6. 测树器：可用于测树高。

7. 手持放大镜：野外肉眼借助观察一些细节。

8. 手持 GPS：用于确定方位和测定海拔，以及测算所打样方的面积等。

二、采集记录的内容

野外记录要尽量完整，最好在记录本中将各项记录内容打印好，在采集过程中较方便地选择或简单方便地填写。

1. 分布位置、名称。

记录的内容包括：

<table>
<tr><td colspan="8">国家、省、产地</td></tr>
<tr><td colspan="8">学名　　　　中名　　　　俗名</td></tr>
<tr><td colspan="8">生境(植被、土壤类型等)

海拔</td></tr>
<tr><td colspan="8">植物的描述及其用途</td></tr>
<tr><td>材料</td><td>标本</td><td>液浸</td><td>活材料</td><td>果实</td><td>木材</td><td>细胞</td><td>照片</td></tr>
<tr><td colspan="8">日期　　　　采集人　　　　采集号</td></tr>
</table>

2. 生境、海拔。

3. 植物的描述。

4. 采集人、采集号和采集日期。

上述记录的内容是最基本的要求。除了这些内容之外，还可加上野外的初步定名，科名或类群名，如蕨类。

三、完整的记录

1. 产地

应尽可能地准确标明行政区划，并注上经纬度。

2. 生境、生态

立地条件、基质类型、坡向、光照、海拔、水分条件、植被类型、伴生种(伴生种名录以及采集号)、生活型、相对频度(数量多少、常见与否，以及聚生或单生)、任一特征在居群中的变异。

3. 习性

树木、灌木、藤本、附生植物(附生习性的类型)、草本等等。

4. 地下部分

主根、须根、根上结节、根分布的范围；根切开后的气味；地下茎在土中的深度、长度和节间的间隔；鳞茎、块茎或块根的大小和形状等。

5. 茎和树干

茎干在人体胸部高度上的周长或直径(估计或测量)；分枝高度，是否有树瘤；树皮颜色、质地、厚度及皮孔颜色；木材硬度、色泽、纹理类型；观察树液或乳汁及其颜色、气味、稠度和其他特性；节间长度；刺的情况等。

6. 叶

落叶或常绿；质地、颜色、气味、光泽，粉霜；分泌物或腺体；单叶或复叶；叶轮廓；异形叶情况等。

7. 花序

分泌物或腺体；花序轴颜色；以及其他在标本制作过程中可能失去的有关花序的信息等。

8. 花

记录花柱是否异长，雌雄同株或异株；气味；花冠颜色，质地；花萼颜色，质地；分泌物或腺体；开花行为(如早晨开放，中午 12 点前关闭等)；花粉传媒等。

9. 果实及种子

气味；颜色，质地；大小，形状；种皮颜色，质地；假种皮颜色，质地；传播媒介(动物、风或水)等。

第三节　标本压制

一、标本制作所需的器材

剪刀或修枝剪、干燥纸、废报纸、标本夹、绑带、细绳、纸袋或网袋、塑料瓶、聚乙烯塑料袋、胶带、蜡笔或洗不掉的记号笔、驱虫剂等。

二、标本压制和整理

将一副标本夹打开，把一侧放到一平台上，垫5层吸水纸，然后把采集来的新鲜标本小心摆放，之后在标本上覆盖3~5层吸水纸，再放下一号标本，依次操作，待叠摞的植物材料到15~20cm厚时，将标本夹另一半平面向下扣上，用绑绳绑紧，置于通风干燥处。第二天早晨打开标本夹，用干燥的吸水纸替换标本夹里潮湿的纸，同时对标本进行整理。以后的2周内依据天气状况每2~3天换纸1次，直到标本完全干燥。第一次换纸整理标本时需注意：

1. 将叶片折叠或修剪至与台纸相应的大小(图2-3A和B)。
2. 若叶片太密，可剪去若干叶片，但要保留叶柄以表明叶子的着生位置(图2-3C)。
3. 茎或小枝要斜剪，使之露出内部的结构，显示茎中空或是否含髓(图2-3D)。
4. 叶子尽可能避免重叠，至少有一片叶背面向上。花的正、反面都朝上显示出来(图2-4A)。
5. 茎应折曲以适应台纸的大小，方法见示意图(图2-4B)。

图2-3　修剪标本以适应台纸

A. 修剪过的叶子；B. 折叠的叶子；C. 剪去叶片保留叶柄；D. 斜剪的茎

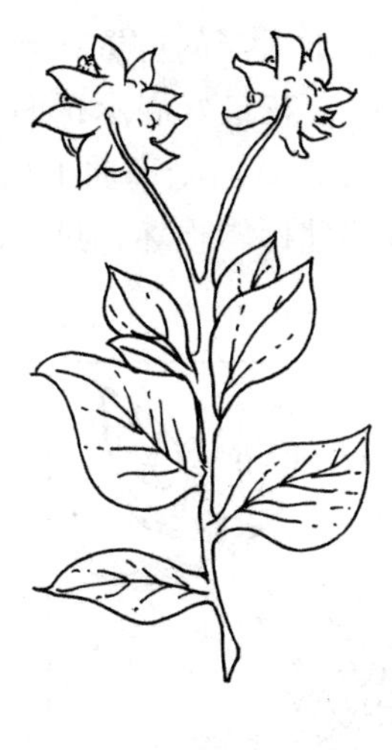

图 2-4　正确的标本压制

A. 展示花和叶；B. 使用开缝纸条折弯茎杆

第四节　腊叶标本的装订

一、标本制作所需的材料

台纸、乳胶、纸袋、曲别针、缝衣针、半透明或透明袋、棉线、高质量胶纸(用于裱缝)、透明的聚酯塑料套(比台纸稍大)。

二、腊叶标本的装订

装订是将标本固定在一张白色的台纸上，装订标本也称上台纸。装订目的一方面是为长期保存标本不受损伤，另一方面也是为了便于观察研究。

台纸要求质地坚硬，用白板纸或道林纸较好，大小一般为 40cm × 30cm。装订标本通常分三个步骤，即消毒、装订和贴标签。

1. 消毒

标本压干后，常常有害虫、虫卵或孢子，必须经过化学药剂、紫外线照射或低温冷冻等消毒，杀死虫卵、真菌的孢子等，以免标本蛀虫。通常用的化学消毒剂有 1% 升汞酒精溶液。也可以用二氧化硫或其他药剂薰蒸消毒。这些都是剧毒药品，消毒时要注意安全。用紫外光灯消毒、低温冷冻杀虫较为安全有效。

2. 装订

装订标本先将标本在台纸上选好适当位置。摆放标本时注意如下几点：一般是直放或较大的标本按对角线放置，留出台纸上的左上角或右下角，以便贴采集记录和标签(图 2-5)；放置时要注意美观，又要尽可能反映植物的真实形态和尽可能多的特征(图 2-6)；标本在台纸上的位置确定以后，还要适当修去过于密集的叶、花和枝条等，然后进行装订；

标本上脱落或取下的有价值的器官应装入纸袋，并把纸袋粘贴在台纸适当的位置；台纸上如果仅能有一片大叶子，则切下一部分反过来贴在台纸上(图 2-7)；花最好展示正面和背面(图 2-8)；微小的植物在台纸上可以放少许，个体大的置于下部，方向全部向上(图 2-9)；剪去大标本上向前突出的刺和枝条，以避免在标本馆中导致相邻标本损坏；过长的标本可顶端向上或基部向下折叠以适合台纸的大小(图 2-10)。

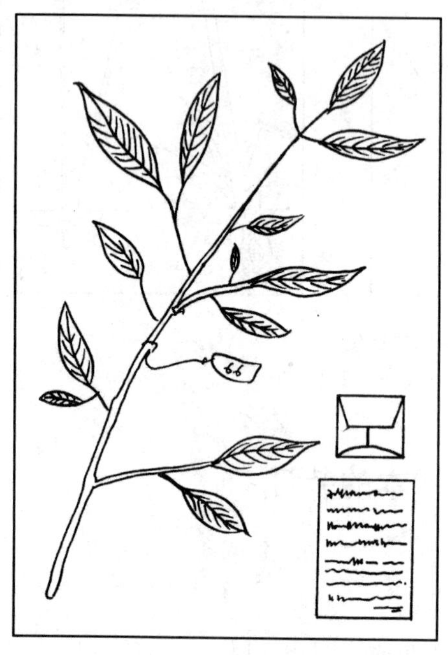

图 2-5　标本摆放和装订

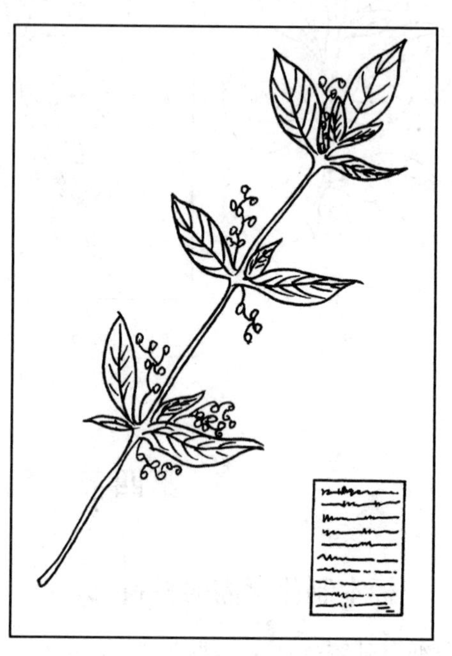

图 2-6　标本摆放和装订

图 2-7　大叶子的装订

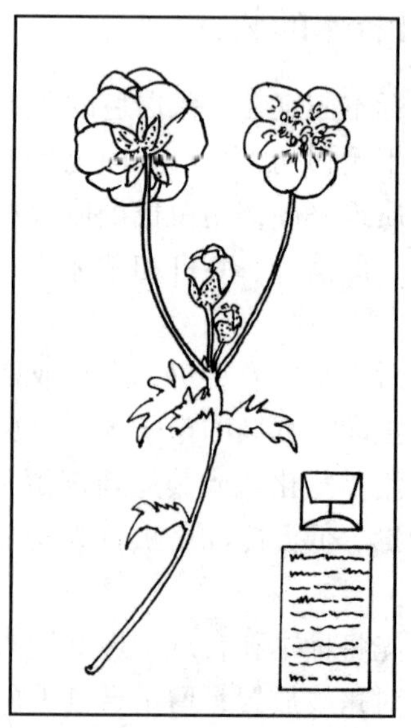

图 2-8　花的压制和装订

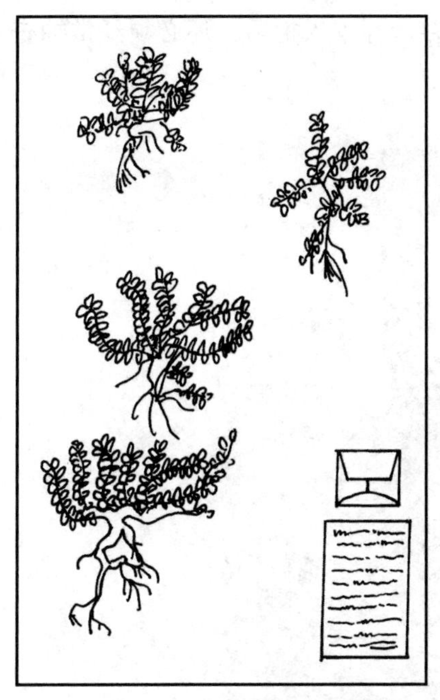

图 2-9　微小标本的摆放和装订

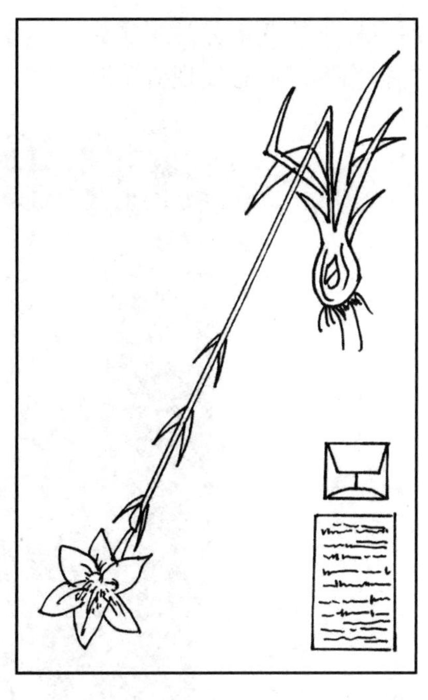

图 2-10　折叠标本后装订

装订标本一般用间接黏贴法。具体的做法是：在台纸正面选好几个固定点，用扁形锥子紧贴枝条、叶柄、花序、叶片中脉等两边切数对纵缝，将纸条两端插入缝中，穿到台纸反面，将纸条收紧后用乳胶在台纸背面贴牢，再将花、果的解剖标本、树皮等附件固定在台纸上，易脱落的花、果应装在纸袋里，贴在台纸的适当位置，以便必要时取出观察研究。因此纸袋既要贴得牢固，不使花、果丢失，又要便于取出。大的根茎、果实等纸条不易固定的，可用棉线固定，细弱的标本可用乳胶直接将标本贴在台纸上。

3. 贴标签

标本装订后，在右下角贴上标签。一般有类别、名称、采集地、日期、采集者等基本信息。

植物分类学用的标本，通常在左上角贴采集记录，右下角贴定名签。定名签要标明采集号、科、拉丁学名、鉴定人和鉴定日期。贴标签时将四个角或上下两边粘牢即可，以便必要时取下更换。

第五节　标本的保存

制成的腊叶标本必须妥善保存，否则易被虫蛀或发霉等，造成损失。

腊叶标本应存放在标本柜里。标本柜要求结构密封、防潮，大小式样可根据需要和具体情况而定。采用可移动式不锈钢植物标本柜，可以大大节省空间，增加标本容量。一般每个柜长深高为 350mm × 465mm ×（1800 ~ 2300）mm，10 ~ 15 个为一组，每个柜依据每科或属标本量的多少分 10 ~ 12 层（图 2-11）。标本柜必须放在通风干燥的室内。存放标本前，标本柜、标本室应事先扫干净，晾干、并用杀虫剂消毒，通常用敌百虫或福尔马林喷杀或熏杀。然后将标本按登记分类顺序放入柜里保存。标本入柜后，还必须经常抽查是否有发霉、虫害、损伤等，如有发现应及时处理。

图 2-11　标本柜

第三章　苔藓植物与蕨类植物的采集

苔藓植物多数矮小，而蕨类植物，尤其常见到的真蕨类植物的一枚叶片都较大，而其小羽片又薄软，采集时各有特殊的方法。

第一节　苔藓植物的采集与收藏管理

1. 采集方法

苔藓植物标本(moss specimen)是最容易采集和保存的，在采集时要尽量选择有孢蒴的植株，并应将生长的基质一起采回，采集的标本装入纸袋或用纸包裹，随时编号和记录。

2. 标本制作

苔藓植物个体小、不易腐烂、不易生虫，干后浸水能恢复原状。因此，让标本自然干燥，放入纸袋。纸袋是用牛皮纸裁成长 23cm、宽 20cm，分成一大面一小面，对折以后，大面顶端前折，两侧后折制成的，如图 3-1 所示。填写好标签，即可按排列次序放入苔藓标本柜内长期保存。采集的苔藓植物标本也可以做成腊叶标本和浸制标本供教学或陈列用。

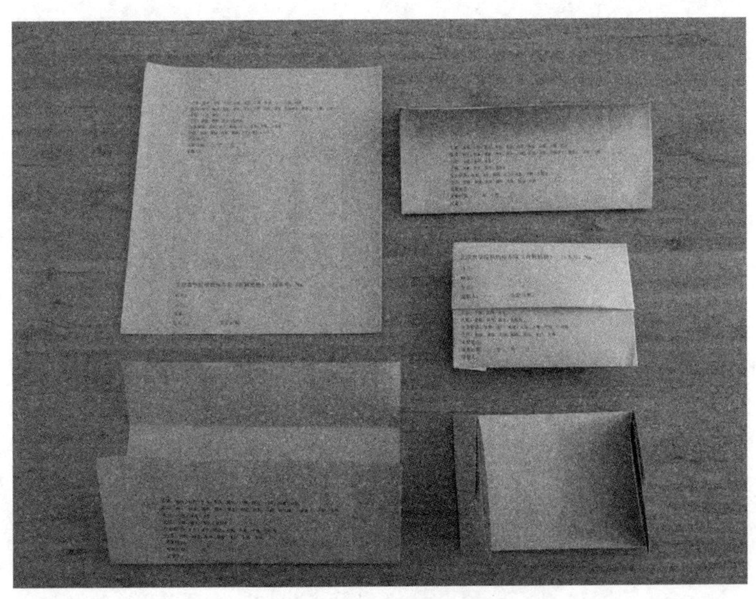

图 3-1　苔藓标本袋折叠

第二节　蕨类植物的采集与收藏管理

1. 采集方法

采集蕨类植物标本必须带有孢子，否则鉴定困难。在蕨类植物的不同类群中，产生孢子的孢子囊在植株上的部位和外表形状各不相同，如水韭属(*Isoetes*)和石松属(*Lycopodium*)的一些种类长在"叶"腋里；而卷柏属(*Selaginella*)、石松属的许多种类、木贼属(*Equisetum*)等则聚成球果或穗。在大部分真蕨纲的蕨类中，孢子囊是长在叶的边缘或其背面。注意采集一部分根茎，因为根茎的生长习性(直立或匍匐)，及其表面的鳞毛在许多类群中也是极为重要的分类特征。

2. 标本制作

蕨叶通常是二维的，所以比种子植物更容易压制。小型蕨类一张腊叶标本台纸上可装订多份标本；中型蕨类的一片叶可占用1~2张台纸，如果植株具有长匍匐型的根茎，则应采集足够长的标本来表明叶着生的间距；如果具有直立型的根茎，则整棵植株可用作一个标本，剪断多余叶片时基部都应连着一段根茎。大型蕨类北方很少见。蕨类标本压制方法同第二章所述。

第四章　植物命名简介

一、植物的名称

人们在生产和科学研究中，为了识别、掌握和利用植物，常常给不同的植物起不同的名称，以此区别它们，所以各国、各地区或各民族对某种植物都有他们自己的通俗称呼，即俗名；其次我国植物学专业人士对某一植物还有一个统一的中文名称，即植物的中名；这样造成一种植物有多个名称的现象非常普遍，即同物异名，另一方面也存在同名异物的现象。1753 年瑞典博物学家林奈提倡用双命名法给植物命名，并于 1867 年 8 月在法国巴黎召开的第一届国际植物学会议上通过了第一个《国际植物命名法规》(*International Code of Botanical Nomenclature*，ICBN)。以后在植物新种发表的时候，都有一个以拉丁文命名的科学名称，即该植物的学名。学名是一种表达植物种类的世界通用而简明的方式，是掌握有关植物已知信息文献的极其重要的钥匙。因此，学名更重要。

二、学名的结构

按照《国际植物命名法规》(ICBN)的规则，所有等级的植物分类单元的名称都用拉丁文或拉丁化的形式来书写。一个分类单元是在任一等级上的植物分类类群，如杨柳科(Salicaceae)、杨属(*Populus*)和毛白杨(*Popolus tomentosa*)等均为分类单元。一个植物的学名由两个词构成，因此称为双名，如月季 *Rosa chinensis*。种名中第一个词是属名，总是以大写字母开头，第二个词是种加词，首字母小写。

属名是拉丁文或拉丁化的名词，有阳性、阴性、中性之分。种加词通常为形容词，可以描述种的特点，或可能指明种的地理起源或生境，也可用来纪念人物等。

种加词作为形容词在词性上必须与属名一致，种加词以"a"结尾的通常为阴性，以"us"结尾的为阳性，以"um"结尾的为中性。但有时会有例外。

一个植物种有时可再划分为种下分类单元。最常遇到的种下分类单元是亚种(subsp. 或 ssp.)、变种(var.)和变型(f.)。

种下分类单位采用三命名法，如：中国沙棘(*Hippophae rhamnoides* L. subsp. *sinensis* Rousi.)。

三、植物命名人

在完整书写时，植物名称后面总是跟随着一个或更多的人名，这些人名通常采用缩写的形式，例如毛茛科 Ranunculaceae Juss. （或 Jussieu）；毛榛 *Corylus mandshurica* Maxim & Rupr. （& 或 et = 和）。

植物名称之后正体书写的人名是"合格发表"该植物名称的人，称为作者引证(author citation)。有时两个人的姓名用"ex"相连，如花木蓝 *Indigofera kirilowii* Maxim. ex Palibin，这表示第一个作者首先将该名称用于该分类单元，但未合格发表这个名称，而第二个作者在合格发表该名称时，将第一个作者的姓名置于 ex 之前以表示其贡献。为了简短起见，可把第一个作者姓名省略。我们还能见到"in"连接两个人的姓名，如百蕊草 *Thesium chinensis* Turcz. in Bull.。这里，第一个作者在第二个作者所撰写(或编辑)的著作中合格发表了该名称。在这种情况下，第二个作者的姓名可省略。

在引证中经常会出现两个作者的姓名，其中第一个作者的姓名用括号括起来，如树锦鸡儿 *Caragana arborescens* (Amm.)Lam.。这表示第一个作者将该分类单元作为不同等级或放在不同的属内合格发表，第二个作者后来修订了该分类单元，给出了现名或组合名。这种形式的作者引证称为双引证，表明分类位置或等级已发生了变化。

双名之后附加的命名人以示负责和便于查证。如果命名人姓名过长，可采用缩写的形式。命名人缩写的姓名之后要加点"."，其首字母也要大写。命名人的缩写形式以英国皇家植物园——邱园发布的标准索引为准。标准缩写可以在国际植物名称索引的作者查询页(http://www.ipni.org/ipni/authorsearchpage.do)中查询。在印刷出版科学文献时，属名和种加词习惯以斜体表示，命名人习惯以正体表示。

有关植物命名规则请参考《国际植物命名法规》(ICBN)的最新版本要求，此处从略。

第五章 苔藓植物分科、属、种检索表

第一节 北京地区苔藓植物门分科检索表

1. 植物体为叶状体或茎叶体，如为茎叶体则叶为二列式排列，无中肋；孢蒴无蒴齿和无蒴轴，具弹丝；原丝体不发达(苔纲 Hepaticae)。
 2. 植物体叶状；分化简单；无气室；每个细胞内通常具1至少数叶绿体；颈卵器和精子器均由叶状体内部组织形成，位于体背表面；孢蒴长细或短粗，角状……………………1. 角苔科 Anthocerotaceae
 2. 植物体分化较复杂，或呈叶状，如为叶状常有气孔和气室，稀无；每个细胞内含多数叶绿体；颈卵器由叶状体或茎叶体外部组织起源，位于生长点的后方；孢蒴有柄，无蒴轴，成熟后常呈四瓣裂或不规则裂开。
  3. 植物体有茎叶分化；多数无鳞片；颈卵器顶生；孢蒴有柄，蒴壁多层细胞，成熟后纵裂为四裂瓣。
   4. 植物体顶生分枝或节间分枝，叶片横列或斜列着生，呈蔽后式、蔽前式或折合蔽后式；叶三列。腹叶和侧叶异形，叶片不折合二裂瓣；每1雌苞中有颈卵器12~20个，蒴柄长，孢蒴常高出蒴萼外。
    5. 假根生于腹叶基部；侧叶楔形或倒三角形；蒴萼扁平 ………………2. 羽苔科 Plagiochilaceae
    5. 假根散生于茎腹面；叶片全缘，仅尖部微凹或有少数齿…………3. 叶苔科 Jungermanniaceae
   4. 植物体完全为顶生分枝；叶片斜列着生，均呈折合蔽前式，叶片均分为大的背瓣和小的腹瓣。
     6. 植物体无腹叶；侧叶腹瓣无齿；蒴萼扁长形 ………………………4. 扁萼苔科 Radulaceae
     6. 植物体有腹叶；蒴萼圆袋形；叶腹瓣不膨起，与腹叶形状大体相似 ………………………………………………………………………………………5. 光萼苔科 Porellaceae
  3. 植物体为叶状体，有明显背腹面，组织分化复杂，常有气孔和气室；多数有平滑和突起两种假根；叶状体腹面有鳞片；孢蒴柄短，蒴壁均为单层细胞，成熟时不规则裂开或部分盖裂或纵裂瓣。
      7. 植物体多数腹面无鳞片，仅水生的种类有紫色鳞片；颈卵器散布隐没于叶状体内；孢蒴无柄，无弹丝………………………………………………………………9. 钱苔科 Ricciaceae
      7. 植物体多数腹面有鳞片，稀缺失；颈卵器生于生殖托上，孢蒴有短柄，有弹丝。
       8. 叶状体有复式气孔 ………………………………………………8. 地钱科 Marchantiaceae
       8. 植物体有单式气孔。
        9. 气室单层；无次级分隔；植物体较大；叶状体表面可见明显气室分隔，腹面鳞片长条形 ………………………………………………………7. 蛇苔科 Conocephalaceae

9. 气室多层或有次级分隔；气孔周边细胞不强烈加厚或仅周边略厚；腹面鳞片阔半圆形 ………………………………………………………… 6. 石地钱科 Rebouliaceae

1. 植物体为茎叶体，叶通常螺旋状排列，具中肋；孢蒴具蒴齿、蒴轴和蒴盖，无弹丝(藓纲 Musci)。

10. 叶明显 2 列，具发达的背翅；叶片基部向茎呈折合状 ………………… 10. 凤尾藓科 Fissidentaceae

10. 叶 3 列或多列，有时茎枝呈扁平，但叶不是明显 2 列。

11. 叶腹面不具栉片。

12. 植物体直立生长，二歧分枝多无横走主茎；孢蒴多顶生。

13. 叶片具白色毛尖或中肋突出的长尖；叶片细胞多具疣。

14. 具中肋突出的尖长；叶片上部细胞具疣；蒴齿线形。

15. 叶片不背卷，叶边常分化有狭长形细胞；叶细胞具细疣或星状疣；叶基部细胞的横壁加厚；蒴帽大，钟形，包被全孢蒴 ………………………… 11. 大帽藓科 Encalyptaceae

15. 叶片常背卷；叶细胞具马蹄形疣；叶基部细胞横壁不加厚；蒴帽小，长兜形，斜包孢蒴上部 ……………………………………… 12. 丛藓科 Pottiaceae 墙藓属(*Tortula* Hedw.)

14. 叶具白色毛尖，叶片细胞壁厚，多细疣；蒴齿片状多孔，稀线形扭转 ……………………………………………………………………………… 13. 紫萼藓科 Grimmiaceale

13. 叶无白色毛尖，也无中肋突出的长尖；叶片细胞平滑或具疣。

16. 叶片狭长，线形或狭长披针形；叶细胞平滑、具疣或乳头，叶片上部细胞呈多边等轴形；齿片具疣 ………………………………………………………………… 12. 丛藓科 Pottiaceae

16. 叶片宽阔片状。

17. 叶片至少上部细胞具乳头或疣。

18. 叶细胞为不规则等轴形、圆形或六角形。

19. 叶边多内卷或背卷，稀平展；细胞多数壁薄；孢蒴无皱褶；蒴齿单层，蒴帽常无毛(多属钙土藓类) ……………………………………………………… 12. 丛藓科 Pottiaceae

19. 叶边多平展，稀背卷；细胞多数壁厚；孢蒴常有皱褶；蒴齿多为两层，蒴帽常无毛(多数树生) ……………………………………………… 14. 木灵藓科 Orthotrichaceae

18. 叶片细胞方形或短长方形；齿片不裂，无条纹，蒴帽大，钟形，包被全孢蒴 …………………………………………………………………………… 11. 大帽藓科 Enchalytacceae

17. 叶片细胞不具疣或乳头。

20. 叶细胞圆形、长方形或多角形。

21. 叶细胞壁薄；叶干时不皱缩或稍卷缩；蒴帽兜形。

22. 叶缘常分化，由多列狭长细胞构成 ……………………… 15. 提灯藓科 Mniaceae

22. 叶缘不分化 ……………………………………………… 16. 葫芦藓科 Funariaceae

21. 叶细胞壁厚；叶干时皱缩；蒴帽钟形 ………………… 17. 缩叶藓科 Ptychomitriaceae

20. 叶细胞菱形或狭长形 ………………………………………………… 18. 真藓科 Bryaceae

12. 植物体匍匐生长，多歧分枝；常具横走主茎。

23. 植物体不呈扁平形。

24. 叶片有单中肋。

25. 植物体明显羽状分枝。

26. 叶细胞具疣或前角突起。

27. 植物体具多数鳞毛，茎叶与枝叶异形；叶细胞菱形；孢蒴弯曲，内齿层有齿毛 …… ……………………………………………………………… 19. 羽藓科 Thuidiaceae

27. 植物体无或具少数鳞毛，茎叶与枝叶同形；叶片细胞短菱形；孢蒴直立或倾立，内齿层无齿毛……………………………………………………… 20. 薄罗藓科 Leskeacea
26. 叶细胞平滑，长椭圆形或狭长形，通常不透明；角细胞大，无色透明 ………………………………………………………………………… 21. 柳叶藓科 Amblystegiacea
25. 植物体不规则分枝。
28. 叶细胞具疣。
29. 茎、枝粗条形；叶片不为覆瓦状紧密排列。
30. 中肋不达叶尖，叶细胞具单疣或细疣；叶片基部细胞同形。
31. 叶细胞具单一高疣，基部细胞有疣 ……………………………… 20. 薄罗藓科 Leskeaceta
31. 叶细胞具密疣，稀具中央单疣，叶基近中肋处细胞平滑透明 …………………………………………………………………………… 19. 羽藓科 Thuidiaceae
30. 中肋达于叶尖或突出；叶细胞具疣或具中央单疣；叶片基部细胞长形，无疣，透明 ……………………………………………………………………… 14. 木灵藓科 Orthotrichaceae
29. 茎、枝明显圆条形；叶片紧密覆瓦状排列；植物体细小 …………… 22. 鳞藓科 Theliaceae
28. 叶细胞平滑。
32. 枝叶呈覆瓦状紧密排列。
33. 茎有鳞毛；中肋粗壮；叶细胞壁厚；角细胞不分化 …………… 20. 薄罗藓科 Leskeaceta
33. 茎无鳞毛；中肋细弱；叶细胞壁薄；角细胞分化 …………… 23. 青藓科 Brachytheciacea
32. 枝叶向一侧镰刀形弯曲，叶片细胞阔长形、六边形或狭长形 ………………………………………………………………………………… 21. 柳叶藓科 Amblystegiacea
24. 叶具 2 条中肋或无中肋。
34. 叶无中肋。
35. 叶片镰刀状弯曲或偏斜；叶片角细胞方形或多边形，无色或带褐色。
36. 叶细胞椭圆形 …………………………………………… 21. 柳叶藓科 Amblystegiaceae
36. 叶细胞狭长形 ……………………………………………………… 24. 灰藓科 Hypnaceae
35. 叶片倾立或直立；叶细胞平滑，壁薄，透明 ………………… 25. 绢藓科 Entodontaceae
34. 叶有 2 短中肋，叶细胞壁薄，平滑 ………………………………… 24. 灰藓科 Hypnaceae
23. 植物体呈扁平形，匍匐生长；角细胞分化不明显，不下延多；孢蒴直立 ………………………………………………………………………………… 25. 绢藓科 Entodontaceae
11. 叶腹面具纵长齿栉片 ……………………………………… 26. 金发藓科 Polytrichaceae

第二节　北京地区苔藓植物各科的主要属、种

1. 角苔科 Anthocerotaceae

黄角苔 *Phaeoceros laevis*（L.）Prosk.

2. 羽苔科 Plagiochilaceae

羽苔 *Plagiochila asplenioides*（L.）Dumort.（彩图 1）

3. 叶苔科 Jungermanniaceae

叶苔 *Jungermannia lanceolata* L.（图 1）

4. 扁萼苔科 Radulaceae

扁萼苔 *Radula complanata*(L.)Comm. (图 2)

5. 光萼苔科 Porellaceae

北亚光萼苔 *Porella grandiloba* Lindb. (图 3)

6. 石地钱科 Rebouliaceae

石地钱 *Reboulia hemisphaerica* (L.) Raddi(图 4)

7. 蛇苔科 Conocephalaceae

蛇苔 *Conocephalum conicum* (L.) Dumortior(图 5)

8. 地钱科 Marchantiaceae

地钱 *Marchantia polymorpha* L. (彩图 2)

9. 钱苔科 Ricciaceae

叉钱苔 *Riccia fluitans* L. (图 6)

10. 凤尾藓科 Fissidentaceae

小凤尾藓 *Fissidens bryoides* Hedw. (彩图 3)

11. 大帽藓科 Encalyptaceae

裂瓣大帽藓 *Encalypta ciliate* Hedw. (图 7)

12. 丛藓科 Pottiaceae

1. 叶中肋仅背部具厚细胞束；叶舌形，叶细胞大，具马蹄形疣；蒴齿 32，线形，左旋 ……………………………………………………………………………………………… (1)墙藓属 *Tortula* Hedw.

1. 叶中肋背腹部均具厚细胞束；叶长披针形，叶细胞小。

  2. 叶狭长披针形，叶缘内卷，叶细胞具密疣；蒴齿短或发育不全 …… (2)小石藓属 *Weisia* Hedw.

  2. 叶长卵形或狭长披针形，叶缘背卷。

    3. 叶披针形；细胞具疣；蒴齿多向左旋扭 ………………………… (3)扭口藓属 *Barbula* Hedw.

    3. 叶长卵形；叶细胞具乳头；孢蒴无蒴齿 ………………………… (4)湿地藓属 *Hyophila* Brid.

(1)墙藓属 *Tortula* Hedw.

墙藓 *T. muralis* Hedw. (图 8)

(2)小石藓属 *Weisia* Hedw.

缺齿小石藓 *W. edentula* Mitt. (彩图 4)

(3)扭口藓属 *Barbula* Hedw.

扭口藓 *B. unguiculata* Hedw. (彩图 5)

(4)湿地藓属 *Hyophila* Brid.

卷叶湿地藓 *H. involuta* (Hook) Jaeg. (图 9)

13. 紫萼藓科 Grimmiaceale

卵叶紫萼藓 *Grimmia ovalis* (Hedw.)Lindb.

14. 木灵藓科 Orthotrichaceae

钝叶衰藓 *Macromitrium japonicum* Dozy et Moik.

15. 提灯藓科 Mniaceae

1. 叶细胞平滑，叶缘具双齿 …………………………………………………… (1)提灯藓属 *Mnium* Hedw.

1. 叶细胞平滑，叶缘具单齿 ……………………………………… (2)匐灯藓属 *Plagiomnium* T. Kop.

(1)提灯藓属 *Mnium* Hedw.

1. 顶叶呈蔷薇花丛状；叶面具横波纹；中肋略突出叶尖 ……………………………………………………………………………………………………… 1. 刺叶提灯藓 *M. spinosum* (Voit) Schiwaegr.
1. 顶叶不呈蔷薇花丛状；叶面不具横波纹；中肋不突出叶尖。
  2. 中肋背部具齿 …………………………………………… 2. 平肋提灯藓 *M. laevinerve* Card.(彩图6)
  2. 中肋背部平滑 ……………………………… 3. 具缘提灯藓 *M. marginatum* (With.) P. Beauv.

(2)匐灯藓属 *Plagiomnium* T. Kop.

钝叶匐灯藓 *P. rostratum* (Schrad.) T. Kop.

16. 葫芦藓科 Funariaceae

1. 孢蒴台部短小，蒴齿退化 …………………………………… (1)立碗藓属 *Physcomitrium*(Brid.)Furnr.
1. 孢蒴有明显台部，蒴齿发育 …………………………………………… (2)葫芦藓属 *Funaria* Hedw.

(1)立碗藓属 Physcomitrium(Brid.)Furnr.

立碗藓 *Ph. sphaericum* (Hedw.)Furnr.(彩图7)

(2)葫芦藓属 *Funaria* Hedw.

葫芦藓 *F. hygrometrica* Hedw.(彩图8)

17. 缩叶藓科 Ptychomitriaceae

中华缩叶藓 *Ptychomitrium sinense* (Mitt.)Jaeg.

18. 真藓科 Bryaceae

真藓 *Bryum argenteum* Hedw.

19. 羽藓科 Thuidiaceae

1. 茎叶和枝叶同型，中肋1条。
  2. 直立的分枝呈羊角状弯曲；叶渐尖，中肋上部蛇状弯曲 ……………………………………………………………………………… (1)羊角藓属 *Herpetineuron* (C. Muell.)Card.
  2. 分枝倾立；叶舌形，中肋直 ……………………………… (2)牛舌藓属 *Anomodon* Hook et Tayl.
1. 茎叶和枝叶异型，中肋1条或不明显 ……………………………… (3)羽藓属 *Thuidium* B. S. G.

(1)羊角藓属 Herpetineuron (C. Muell.)Card.

羊角藓 *H. toccoae* (Sull, et Lesq.)Card.

(2)牛舌藓属 *Anomodon* Hook et Tayl.

牛舌藓 *A. minor*(Hedw.)Fuernr.(彩图9)

(3)羽藓属 *Thuidium* B. S. G.

毛尖羽藓 *Th. philibertii* Limpr.

20. 薄罗藓科 Leskeaceae

中华细枝藓 *Lindbergia sinensis* (C. Muell.) Broth.(图10)

21. 柳叶藓科 Amblystegiaceae

1. 叶呈镰刀状弯曲；中肋1条。
  2. 茎具多数鳞毛；叶略呈镰刀状弯曲，有时有皱褶；角细胞分化，薄壁，透明 ………………………………………………………………………………… (1)牛角藓属 *Cratoneuron* (Sull.)Spruc.
  2. 茎具少数假鳞毛；叶呈镰刀状弯曲；角细胞明显，2~3个大型细胞 ………………………………………………………………………… (2)镰刀藓属 *Drepanocladus* (C. Muell.) Roth.
1. 叶不呈镰刀状弯曲；中肋短单一或分叉 ………………………… (3)水灰藓属 *Hygrohypnum* Lindb.

(1)牛角藓属 *Cratoneuron* (Sull.)Spruc.

牛角藓 *C. filicinum* (Hedw.)Spruc.(图11)

(2)镰刀藓属 *Drepanocladus* (C. Muell.) Roth.

镰刀藓直叶变种 *D. aduncus* var. *kneiftii*(Bruch et Schimp.) Mnk.

(3)水灰藓属 *Hygrohypnum* Lindb.

水灰藓 *H. luridum* (Hedw.) Jenn.

22. 鳞藓科 Theliaceae

钝叶小鼠尾藓 *Myurella julacea* (Schwaegr.)B. S. G.

23. 青藓科 Brachytheciaceae

1. 叶密集覆瓦状排列，阔卵形，内凹 …………………………………… (1)鼠尾藓属 *Myyroclada* Besch.
1. 叶疏松排列，卵形或卵状披针形，稍内凹……………………… (2)青藓属 *Brachythecium* B. S. G.

(1)鼠尾藓属 *Myyroclada* Besch.

鼠尾藓 *M. maximowiczii* (Broszcz.) Steer. et Schof. (彩图 10)

(2)青藓属 *Brachythecium* B. S.

羽枝青藓 *B. plumosum* (Hedw.) B. S. G. (彩图 11)

24. 灰藓科 Hypnaceae

1. 茎枝生叶后呈圆形，叶上部弯，中肋短，分叉 ………………………… (1)灰藓属 *Hypnum* Hedw.
1. 茎枝生叶后呈扁平状，叶上部不弯，中肋几乎没有 …………… (2)鳞叶藓属 *Taxiphyllum* Fleisch.

(1)灰藓属 *Hypnum* Hedw.

弯叶灰藓 *H. hamulosum* B. S. G.

(2)鳞叶藓属 *Taxiphyllum* Fleisch.

鳞叶藓 *T. taxirameum* (Mitt.)Fleisch. (图 12)

25. 绢藓科 Entodontaceae

柱蒴绢藓 *E. challengeri* (Paris) Cardot.

26. 金发藓科 Polytrichaceae

仙鹤藓多蒴变种 *Atrichum undulatum* (Hedw.)P. Beauv. var. *gracilisetum* Besch. (彩图 12)

第六章 蕨类植物分科、属、种检索表

第一节 北京地区蕨类植物门分科检索表

1. 水生植物，孢子二型。
  2. 小叶4片呈田字形，生叶柄顶端；孢子果生叶柄基部的根状茎上；浅水生 …… 15. 苹科 Marsileaceae
  2. 小叶不呈田字形，浮水生草本。
    3. 叶微小呈鳞片状，二列互生覆瓦状 ………………………………………… 17. 满江红科 Azollaceae、
    3. 植物体呈复叶状，叶3枚一轮，上面2叶长圆形，浮水面，下面1片特化成须根状，悬垂水中…………………………………………………………………………………… 16. 槐叶苹科 Salviniaceae
1. 陆生植物。
  4. 孢子囊聚集成穗状或圆锥状，生分枝顶端。
    5. 叶小，鳞片状、钻状或针形，不分裂；孢子囊穗生枝端。
      6. 茎节明显，节间长，茎中空；叶退化成叶鞘在节上轮生 ………………… 2. 木贼科 Equisetaceae
      6. 茎节极短而不明显，两侧对称，有背腹之分；叶鳞片状，背腹各二列生，腹叶基部有叶舌；孢子囊序聚集成穗状 ……………………………………………………… 1. 卷柏科 Selaginellaceae
    5. 营养叶一回羽状；孢子囊穗狭圆锥状 ……………………………………… 3. 阴地蕨科 Botrychiaceae
  4. 叶发达，单叶或复叶；孢子囊群生叶背、叶缘，稀有不育叶和能育叶之分。
    7. 叶二型，不育叶(营养叶)一至二回羽状或羽裂，能育叶(孢子叶)向中肋方向卷成圆筒形或球形…………………………………………………………………………………… 11. 球子蕨科 Onocleaceae
    7. 叶一型，孢子囊群生叶背或叶缘。
      8. 单叶，全缘，披针形或长圆形；孢子囊群圆形，无囊群盖 ………… 14. 水龙骨科 Polypodiaceae
      8. 叶一至三回羽状或羽裂，稀成掌状。
        9. 孢子囊群生叶缘或近叶缘处。
          10. 囊群盖膜质，由叶边反卷形成假盖，开向主脉。
            11. 羽片或小羽片通常扇形，斜方形，叶脉二叉分枝；孢子囊生囊群盖下面的小脉上；叶柄棕褐色 ……………………………………………………… 7. 铁线蕨科 Adiantaceae
            11. 羽片或小羽片不为扇形，叶脉不二叉分枝；囊群盖不具小脉。
              12. 叶柄和叶轴栗褐色；孢子囊生小脉顶端；叶片五角形或披针形 ……………………………………………………………………… 6. 中国蕨科 Sinopteridaceae
              12. 叶柄和叶轴禾秆色，少为棕色；孢子囊生于叶缘的一条边脉上 ……………………………………………………………………… 5. 蕨科 Pteridiaceae

10. 囊群盖半碗形、杯形，开向叶边 ……………………………… 4. 碗蕨科 Dennstaedtiaceae

9. 孢子囊群生叶背，有盖或无盖。

13. 孢子囊群圆形或近圆形。

14. 囊群有盖。

15. 囊群盖下位。

16. 囊群盖膜质，浅碟形，边缘有长睫毛；叶一至二回羽状 …… 12. 岩蕨科 Woodsiaceae

16. 囊群盖鳞片形，基部略微压在成熟的孢子囊群之下 ……………………………………………………………… 9. 蹄盖蕨科 Athyriaceae(冷蕨属)

15. 囊群盖上位。

17. 叶柄基部有 2 条维管束；植物有阔鳞片 …………………… 9. 蹄盖蕨科 Athyriaceae

17. 叶柄基部横断面有多条小圆形维管束，叶通常被很多鳞片，小脉顶端常有膨大的水囊 ……………………………………………… 13. 鳞毛蕨科 Dryopteridaceae

14. 囊群无盖；羽片以关节着生于叶轴，叶二至三回羽状 ……………………………………………………………… 9. 蹄盖蕨科 Athyriaceae(羽节蕨属)

13. 孢子囊群线形至长圆形。

18. 囊群有盖；叶柄基部有 2 条维管束；孢子两面形。

19. 植株小形，高一般不超过 25cm；鳞片细胞一般为粗筛孔形，网眼大而透明；叶柄内 2 条维管束不向叶轴上部汇合；囊群盖通常线形，常单独生于小脉向轴的一侧 ……………………………………………………………… 10. 铁角蕨科 Aspleniaceae

19. 植株一般高大，超过 30cm；鳞片细胞通常厚壁，网眼狭小而不透明；叶柄内 2 条维管束向叶轴上部汇合成"V"字形，囊群盖生于小脉一侧或两侧，长圆形、短肠形、弯钩形或马蹄形 ……………………………………………… 9. 蹄盖蕨科 Athyriaceae

18. 囊群无盖；叶柄基部有 1 条维管束，孢子四面形 ……… 8. 裸子蕨科 Gymnogrammaceae

第二节　北京地区蕨类植物各科的主要属、种

1. 卷柏科 Selaginellaceae

卷柏属 *Selaginella* Spr.

1. 茎直立；分枝丛生，呈莲座状，干后拳卷 ………… 1. 卷柏 *S. tamariscina*(Beauv.)Spr.(彩图 13)

1. 茎匍匐；分枝背腹扁平；营养叶近同型 …………… 2. 中华卷柏 *S. sinensis*(Desv)Spr.(彩图 14)

2. 木贼科 Equisetaceae

木贼属 *Equisetum* L.

1. 茎单一，粗壮，坚硬，分枝少 ……………………………… 1. 木贼 *E. hyemale* L.(彩图 15)

1. 茎二型，有营养茎和生殖茎区别，营养茎细，分枝多 …………… 2. 问荆 *E. arvense* L.(彩图 16)

3. 阴地蕨科 Botrychiaceae

阴地蕨属 *Botrychium* Sw.

小阴地蕨 *B. lunaria*(L.)Sw.(图 13)

4. 碗蕨科 Dennstaedtiaceae

碗蕨属 *Dennstaedtia* Bernh.

溪洞碗蕨 *D. wilfordii*(Moore) Christ.

5. 蕨科 Pteridiaceae

蕨属 *Pteridium* Scop.

蕨 *P. aquilinum*（L.）Kuhn var. *latiusculum*（Desv.）Underw(彩图 17)

6. 中国蕨科 Sinopteridaceae

粉背蕨属 Aleuritopteris Fée

银粉背蕨 *A. argentea*（Gmel.）Fée(彩图 18)

7. 铁线蕨科 Adiantaceae

铁线蕨属 *Adiantum* L.

团羽铁线蕨 *A. capillus-junosis* Rupr.（彩图 19）

8. 裸子蕨科 Gymnogrammaceae

金毛裸蕨属 *Gymnopteris* Bernh.

耳叶金毛裸蕨 *G. bipinnata* Christ. var. *auriculata*（Franch.）Ching.（彩图 20）

9. 蹄盖蕨科 Athyriaceae

1. 孢子囊群无盖，叶片或羽片以关节着生于叶柄或叶轴…………（1）羽节蕨属 *Gymnocarpium* Newm.
1. 孢子囊群有盖。
   2. 孢子囊群圆形 ………………………………………………………（2）冷蕨属 *Cystopteris* Bernh.
   2. 孢子囊群半圆形、马蹄形或弯钩形 …………………………………（3）蹄盖蕨属 *Athyrium* Roth.

（1）羽节蕨属 *Gymnocarpium* Newm.

羽节蕨 *G. disjunctum*（Rupr.）Ching(图 14)

（2）冷蕨属 *Cystopteris* Bernh.

冷蕨 *C. fragilis*（L.）Bernh.

（3）蹄盖蕨属 *Athyrium* Roth.

华北蹄盖蕨 *A. pachyphlebium* C. Chr.（彩图 21）

10. 铁角蕨科 Aspleniaceae

1. 单叶，全缘，先端常延伸成尾状，着地生根 ………………………（1）过山蕨属 *Comptosorus* Link.
1. 叶分裂或复叶，先端无尾尖 ………………………………………………（2）铁角蕨属 *Asplenium* L.

（1）过山蕨属 *Comptosorus* Link.

过山蕨 *C. sibilicus* Rupr.（图 15）

（2）铁角蕨属 *Asplenium* L.

北京铁角蕨 *A. pekinense* Hance(彩图 22)

11. 球子蕨科 Onocleaceae

荚果蕨属 *Mattruccia* Todaro.

荚果蕨 *M. struthiopteris*（L.）Todaro(彩图 23)

12. 岩蕨科 Woodsiaceae

岩蕨属 *Woodsia* R. Br.

耳羽岩蕨 *W. polystichoides* Eaton(图 16)

13. 鳞毛蕨科 Dryopteridaceae

鳞毛蕨属 *Dryopteris* Adans.

华北鳞毛蕨 *D. laeta*（Kom.）C. Chr.（图 17）

14. 水龙骨科 Polypodiaceae

石韦属 *Pyrrosia* Mirbel.

有柄石韦 *P. petiolosa*（Christ）Ching(彩图 24)

15. 苹科 Marsileaceae

苹属 *Marsilea* L.

苹 *M. quadrifolia* L.

16. 槐叶苹科 Salviniacae

槐叶苹属 *Salvinia* Seguier

槐叶苹 *S. natans*（L.）All.

17. 满江红科 Azollaceae

满江红属 *Azolla* Lam.

满江红 *A. imbricata*（Roxb.）Nakai（图 18）

第七章　裸子植物分科、属、种检索表

第一节　裸子植物门分科检索表

1. 茎不分枝，大型羽状复叶，雌雄异株 ………………………………………………… 1. 苏铁科 Cycadaceae
1. 茎通常分枝；单叶。
  2. 叶扇形，短枝顶的叶簇生，落叶乔木，雌雄异株 ……………………………… 2. 银杏科 Ginkgoaceae
  2. 叶非扇形，通常为鳞片状、线形或针形。
    3. 乔木，具主干，花无假花被。
      4. 形成球果，稀为浆果状，不开裂。
        5. 雌雄异株，稀为同株；雄球花的小孢子叶具 4～20 个悬垂的小孢子囊；球果珠鳞腹面仅具 1 粒种子；叶锥形，卵形或披针形 …………………………………… 3. 南洋杉科 Araucariaceae
        5. 雌雄同株，稀为异株；雄球花的小孢子叶具 2～9 个背腹面排列的小孢子囊；球果珠鳞腹面下部或基部着生 1 至多粒种子。
          6. 叶及果鳞螺旋状排列，或叶为簇生。
            7. 珠鳞和苞鳞分离，每个珠鳞上着生 2 个倒生胚珠 ……………………… 4. 松科 Pinaceae
            7. 珠鳞和苞鳞愈合，每个珠鳞上着生 2～9 个胚珠 ……………………… 5. 杉科 Taxodiaceae
          6. 叶及果鳞对生或轮生。
            8. 叶鳞片状或刺状，常绿 …………………………………………………… 6. 柏科 Cupressaceae
            8. 叶线形，交互对生，扭转成假二列状，落叶乔木 ……… 5. 杉科 Taxodiaceae（水杉属）
      4. 胚珠通常单生，不形成球果，种子核果状或浆果状。
        9. 小孢子叶具 2 个小孢子囊，花粉常具气囊；种子核果状，全部为肉质假种皮所包，生于肉质或非肉质的种托上 …………………………………………………… 7. 罗汉松科 Podocarpaceae
        9. 小孢子叶具 3～9 个小孢子囊，花粉无气囊；种子核果状，全部为红色的肉质假种皮所包 ………………………………………………………………………………… 8. 红豆杉科 Taxaceae
    3. 灌木或亚灌木；花具假花被；叶退化成鳞片状，对生 ……………………… 9. 麻黄科 Ephderaceae

第二节　北京地区裸子植物主要属、种

1. 苏铁科 Cycadaceae

苏铁属 *Cycas* L.

苏铁 *C. revolute* Thunb.

2. 银杏科 Ginkgoaceae

银杏属 *Ginkgo* L.

银杏*（白果、公孙树）*G. biloba* L.（彩图 25）

3. 南洋杉科 Araucariaceae

南洋杉属 *Araucaria* Juss.

南洋杉* *A. cunninghamii* Sweet.

4. 松科 Pinaceae

1. 茎无长、短枝的区别；叶螺旋状排列，生于枝上。
  2. 小枝上有圆形的叶痕，无木钉状的叶枕，球果直立，成熟后种鳞从中轴脱落 …………………………………………………………（1）冷杉属 *Abies* Mill.
  2. 有木钉状的叶枕，球果下垂，成熟后种鳞宿存 ……………………………（2）云杉属 *Picea* Dietr
1. 茎有长、短枝的区别；叶在长枝上螺旋状排列，在短枝上簇生。
  3. 叶 5 针以上簇生在短枝上；种鳞顶端扁平，不加厚。
    4. 冬季长落叶；叶扁，柔软；球果当年成熟 ……………………………（3）落叶松属 *Larix* Mill.
    4. 冬季不落叶；叶针形，坚硬；球果 2~3 年成熟 ………………………（4）雪松属 *Cedrus* Trew
  3. 叶 2~5 枚成束，簇生在短枝上；种鳞顶端加厚 ……………………………（5）松属 *Pinus* L

（1）冷杉属 *Abies* Mill.

臭冷杉* *A. nephrolepis*(Trautv.) Maxim（彩图 26）

（2）云杉属 *Picea* Dietr

1. 小枝常有毛，一年生小枝基部宿存的芽鳞反卷，小枝淡黄色或黄褐色 ……………………………………………………………… 1. 白杄* *P. meyeri* Rehd. et Wils（图 19）
1. 一年生小枝常无毛，基部宿存的芽鳞紧贴小枝；枝细，径 2~3mm ……………………………………………………………… 2. 青杄* *P. wilsonii* Mast（彩图 27）

（3）落叶松属 *Larix* Mill.

1. 一年生小枝淡褐色或褐色；种鳞五角状卵形，上部边缘不向外反曲，背面无毛 …………………………… 1. 华北落叶松 *L. gmelinii*（Rupr.）Kuz. var. *principis-rupprechtii*（Mayr）Pilger（彩图 28）
1. 一年生小枝淡黄色或红色；种鳞长圆状卵形或方卵形，上部边缘向外反曲，背面有短粗毛和褐色细小的瘤状突起 ………………………………………… 2. 日本落叶松* *L. kaempferi*（Lam.）Carr.

（4）雪松属 *Cedrus* Trew

雪松* *Cedrus deodara*(Roxb.) Loud.

（5）松属 *Pinus* L.

1. 叶 3 或 5 针一束，叶鞘早落，内含 1 个维管束。
  2. 叶 3 针一束；树干上有乳白色或灰绿色花斑 …… 1. 白皮松* *P. bungeana* Zucc. ex Endl.（图 20）
  2. 叶 5 针一束；树干上无乳白色或灰绿色花斑。
    3. 种子有翅，小枝有毛 ……………………………………… 2. 北美乔松* *P. strobus* L.（彩图 29）
    3. 种子无翅，小枝无毛 ……………………………………………… 3. 华山松* *P. armandii* Franch
1. 叶 2 针一束，叶鞘宿存，内含 2 维管束，针叶长 10~15cm …………………………………………………………… 4. 油松 *P. tabuacformis* Carr.（彩图 30）

5. 杉科 Taxodiaceae

水杉属 *Metasequoia* Hu et Cheng

---

* 为栽培种。

水杉* *M. glyptostroboides* Hu et Cheng(图 21)

6. 柏科 Cupressaceae

1. 球果成熟后开裂，种鳞木质或革质；生鳞叶的小枝扁平，常排成一平面；种子无翅 ………………………………………………………………………………………… (1)侧柏属 *Plalycladus* Spac.

1. 球果成熟后不开裂，种鳞肉质；生叶小枝常不排成一个平面；种子无翅。

  2. 叶全为刺形，基部有关节，不下延生长；球果生叶腋，种子生于二种鳞之间 ………………………………………………………………………………………… (2)刺柏属 *Juniperus* L.

  2. 叶全为鳞形或刺形，或在同一树上二者并存，刺形叶基部无关节，下延生长；球果生小枝顶端，种子生于种鳞腹面基部 ……………………………………………… (3)圆柏属 *Sabina* Mill.

(1)侧柏属 *Plalycladus* Spac.

侧柏 *P. orientalis*(L.) Franco(彩图 31)

(2)刺柏属 *Juniperus* L.

1. 叶上面中脉绿色，两侧各有 1 条气孔带；球果熟时淡红色或淡褐色……… 1. 刺柏* *J. formosana* Hayata

1. 叶上面仅有 1 条气孔带，无绿色中脉。球果熟时黑褐色 ………………………………………………………………………………………… 2. 杜松* *J. rigida* Sied. et Zucc. (彩图 32)

(3)圆柏属 *Sabina* Mill.

1. 茎匍匐，灌木。

  2. 叶全为刺形，3 枚轮生；球果有 2~3 粒种子 ………………………………………………………………………… 1. 铺地柏* *S. procumbens*(Endj.) Lwata et Kusaka(彩图 33)

  2. 叶全为鳞形叶或刺形叶，或二者兼有，通常为交互对生；球果为倒三角状球形 ………………………………………………………………………………………… 2. 叉子圆柏* *S. vulgaris* Ant.

1. 茎直立，乔木。叶在幼树上全为刺形，在大树上全为鳞形或二者兼有；鳞形叶先端钝，叶背腺体位于中部……………………………………………………… 3. 圆柏 *S. chinensis* (L.) Ant. (彩图 34)

7. 罗汉松科 Podocarpaceae

罗汉松属 *Podocarpus* L′ Her. ex Pers.

短叶罗汉松* *P. macrophyllus* (Thunb.) D. Don. var. *maki* Endl.

8. 红豆杉科 Taxaceae

红豆杉属 *Taxus* L.

东北红豆杉(紫杉)* *T. cuspidata* Sieb. et Zucc. (彩图 35)

9. 麻黄科 Ephderaceae

麻黄属 *Ephedra* L.

草麻黄 *E. sinica* Stapt. (彩图 36)

第八章　被子植物分科、属、种检索表

第一节　北京地区常见被子植物分科检索表

1. 子叶2枚；叶常具网状脉，花常4~5基数（双子叶植物纲 Dicotyledoneae） …… 2
1. 子叶1枚；叶常具平行脉，花常3基数，少为4基数（单子叶植物纲 Monocotyledoneae） …… 214
2. 常为无绿叶寄生植物、腐生植物，或具绿叶树上寄生植物 …… 3
2. 自养绿色植物 …… 5
3. 缠绕草本，茎黄色；合瓣花冠；蒴果 …… 75. 旋花科 Convolvulaceae
3. 直立草本 …… 4
4. 树上寄生植物，叶对生，绿色 …… 9. 桑寄生科 Loranthaceae
4. 非树上寄生植物，叶退化或鳞片状，子房上位；合瓣花，唇形，雄蕊4 …… 84. 列当科 Orobanchaceae
5. 水生或沼生植物 …… 6
5. 非水生或沼生植物 …… 17
6. 叶丝状裂，或狭细而不裂 …… 7
6. 叶宽不裂，或裂片宽线形不呈丝状 …… 11
7. 食虫植物；叶互生，具细小捕虫囊；花黄色，开花时花莛伸出水面 …… 86. 狸藻科 Lentibulariaceae
7. 非食虫植物，叶无捕虫囊 …… 8
8. 叶缘有齿 …… 9
8. 叶全缘或羽状裂，裂片边缘无锯齿 …… 10
9. 叶对生，蒴果圆柱形，有由宿萼发育成的3个刺状附属物 …… 83. 胡麻科 Pedaliaceae
9. 叶轮生，不规则深裂，裂片边缘有刺状齿 …… 19. 金鱼藻科 Ceratophyllaceae
10. 叶互生；花白色，单生，雄蕊多数 …… 20. 毛茛科 Ranunculaceae
10. 叶轮生；叶线形，不分裂 …… 65. 杉叶藻科 Hippuridaceae
11. 具托叶鞘 …… 11. 蓼科 Polygonaceae
11. 不具托叶鞘 …… 12
12. 叶圆形或近圆形 …… 13
12. 叶长圆形，线形、披针形，全缘或羽状 …… 14
13. 叶长圆形，花白色、粉色或黄色 …… 28. 睡莲科 Nymphaeaceae
13. 浮水叶菱形，边缘有锯齿；沉水叶对生，羽状细裂 …… 62. 菱科 Trapaceae
14. 叶羽状裂，裂片宽或复叶 …… 15

14. 叶不分裂，披针形或长椭圆形 …………………………………………………………… 16
15. 沉水植物，叶柄基部不呈鞘状；花白色，总状花序……………………… 27. 十字花科 Ccruciferae
15. 挺水植物或湿生植物，叶柄基部呈鞘状，复伞形花序 …………………… 67. 伞形科 Umbelliferae
16. 叶对生，基部抱茎 …………………………………………………… 81. 玄参科 Scrophularriaceae
16. 叶互生或部分对生，不抱茎…………………………………………………… 60. 千屈菜科 Lythraceae
17. 木质或草质藤本植物 ……………………………………………………………………… 18
17. 直立木本或草本植物 ……………………………………………………………………… 44
18. 植物体具卷须 ……………………………………………………………………………… 19
18. 植物体不具卷须 …………………………………………………………………………… 22
19. 叶卷须 ……………………………………………………………………………………… 20
19. 茎卷须 ……………………………………………………………………………………… 21
20. 羽状复叶前端小叶变为卷须，荚果 ……………………………………… 33. 豆科 Leguminosae
20. 托叶变为卷须，核果状浆果 ………………………………………………… 110. 百合科 Liliacea
21. 木质藤本，卷须与叶对生，浆果…………………………………………………… 52. 葡萄科 Vitaceae
21. 草质藤本，卷须生叶腋，瓠果 ……………………………………………… 93. 葫芦科 Cucurbitaceae
22. 木质藤本 …………………………………………………………………………………… 23
22. 草质藤本 …………………………………………………………………………………… 30
23. 叶互生 ……………………………………………………………………………………… 24
23. 叶对生 ……………………………………………………………………………………… 25
24. 奇数羽状复叶；总状花序；蝶形花冠，荚果 ……………………………… 33. 豆科 Leguminosae
24. 叶广椭圆形，倒卵形，边缘具腺齿，无托叶；雌雄异株，果序穗状，浆果红色 …………………
…………………………………………………………………………………… 23. 木兰科 Magnoliaceae
25. 植物体具白色乳汁 ………………………………………………………………………… 26
25. 植物体不具白色乳汁 ……………………………………………………………………… 27
26. 具副花冠，合蕊冠及花粉块(或四合花粉) ……………………………… 74. 萝藦科 Asciepiadaceae
26. 生状不同上 …………………………………………………………………… 73. 夹竹桃科 Apocynaceae
27. 无花瓣，萼片成花瓣状，雄蕊多数 ………………………………………… 20. 毛茛科 Ranunculaceae
27. 具萼片和花瓣，合瓣花冠，雄蕊 2~5 ……………………………………………………… 28
28. 花辐射对称；雄蕊 2 …………………………………………………………… 71. 木犀科 Oleaceae
28. 花两侧对称；雄蕊 4~5 …………………………………………………………………… 29
29. 单叶，全缘；茎中空 ………………………………………………………… 90. 忍冬科 Caprifoliaceae
29. 羽状复叶；茎具气生根借以攀援；花橙红色 ……………………………… 82. 紫葳科 Bignoniaceae
30. 植物体具乳汁 ……………………………………………………………………………… 31
30. 植物体不具乳汁 …………………………………………………………………………… 33
31. 叶互生，花冠漏斗形；蒴果具 4~6 个种子……………………………… 75. 旋花科 Convolvulaceae
31. 叶对生或轮生 ……………………………………………………………………………… 32
32. 花冠钟状，无副花冠 ………………………………………………………… 94. 桔梗科 Campanulaceae
32. 花冠非钟状，具副花冠 ……………………………………………………… 74. 萝藦科 Asclepiadaceae
33. 叶对生或轮生 ……………………………………………………………………………… 34
33. 叶互生 ……………………………………………………………………………………… 38
34. 叶全缘，不分裂 …………………………………………………………………………… 35
34. 叶有裂或边缘有锯齿 ……………………………………………………………………… 37

35. 叶对生，无托叶 …… 36
35. 叶假轮生 …… 89. 茜草科 Rubiaceae
36. 叶具三主脉；心皮 2，合生，侧膜胎座；蒴果 …… 72. 龙胆科 Gentianaceae
36. 叶具网状脉；心皮 2，离生；蓇葖果 …… 74. 萝藦科 Asclepiadaceae
37. 单叶，具掌状脉；具托叶 …… 6. 桑科 Moraceae
37. 羽状复叶，具羽状脉；无托叶 …… 20. 毛茛科 Ranunculaceae
38. 叶具托叶鞘 …… 11. 蓼科 Polygonaceae
38. 叶不具托叶鞘 …… 39
39. 叶圆形或五角形，盾状着生 …… 40
39. 叶不为盾状着生 …… 41
40. 叶圆形；花有距；栽培花卉 …… 36. 旱金莲科 Trapaeolaceae
40. 叶五角形；花小，无距；野生 …… 22. 防己科 Menispermaceae
41. 复叶，具托叶 …… 42
41. 单叶或有裂，无托叶 …… 43
42. 叶全缘；蝶形花冠；雄蕊 10；荚果 …… 33. 豆科 Leguminosae
42. 叶有裂或锯齿缘；花冠不为蝶形；雄蕊多数 …… 32. 蔷薇科 Rosaceae
43. 茎有数条细沟；叶广卵状心形，花被绿色，结合呈圆筒状，管口一边偏生，心皮 6；蒴果 …… 10. 马兜铃科 Aristolochiaceae
43. 茎圆形，无棱沟，花被 2 层；花冠漏斗状；雄蕊 5，心皮 2～3 …… 75. 旋花科 Convolvulaceae
44. 茎、叶肉质，旱生多浆植物 …… 45
44. 非旱生多浆植物 …… 47
45. 植物体具刺，有乳汁，无花被，杯状聚伞花序，心皮 3 …… 43. 大戟科 Euphorbiaceae
45. 植物体无刺，无乳汁，叶肉质；花瓣 4～5；雄蕊(5)8～10 …… 46
46. 萼片 2，心皮合生；盖裂蒴果 …… 16. 马齿苋科 Portulacaceae
46. 萼片 4～5；雄蕊 10；心皮离生 …… 28. 景天科 Crassulaceae
47. 具刺植物 …… 48
47. 无刺植物 …… 66
48. 水生植物；叶柄，叶面具刺 …… 18. 睡莲科 Nymphaeaceae
48 陆生植物 …… 49
49. 叶具透明腺点 …… 39. 芸香科 Rutaceae
49. 叶无透明腺点 …… 50
50. 具乳汁 …… 51
50. 不具乳汁 …… 52
51. 头状花序 …… 6. 桑科 Moraceae
51. 杯状聚伞花序 …… 43. 大戟科 Euphorbiaceae
52. 叶背具银色鳞片 …… 59. 胡颓子科 Elaeagnaceae
52. 叶无银色鳞片 …… 53
53. 草本 …… 54
53. 木本 …… 57
54. 具托叶鞘 …… 11. 蓼科 Polygonaceae
54. 不具托叶鞘 …… 55
55. 复叶对生，果具刺 …… 38. 蒺藜科 Zygophyllaceae

55. 单叶 ………………………………………………………………………………………… 56
56. 头状花序 …………………………………………………………………… 95. 菊科 Compositae
56. 聚伞花序 …………………………………………………………………… 80. 茄科 Solanaceae
57. 茎上具分枝刺 ……………………………………………………………………………… 58
57. 茎上不具分枝刺 …………………………………………………………………………… 59
58. 复叶；荚果 ………………………………………………………………… 33. 豆科 Leguminosae
58. 单叶簇生；浆果；具三叉叶刺 ……………………………………… 21. 小蘖科 Berberidaceae
59. 复叶 ………………………………………………………………………………………… 60
59. 单叶 ………………………………………………………………………………………… 62
60. 小叶全缘；蝶形花冠；荚果 ……………………………………………… 33. 豆科 Leguminosae
60. 小叶边缘有裂或锯齿 ……………………………………………………………………… 61
61. 掌状或羽状复叶；伞形花序 ……………………………………………… 66. 五加科 Araliaceae
61. 羽状复叶；不成伞形花序 ………………………………………………… 32. 蔷薇科 Rosaceae
62. 翅果，叶具羽状脉 ……………………………………………………………… 5. 榆科 Ulmaceae
62. 不为翅果 …………………………………………………………………………………… 63
63. 坚果，壳斗具刺 ……………………………………………………………… 4. 壳斗科 Fagaceae
63. 不为坚果，亦无壳斗 ……………………………………………………………………… 64
64. 雄蕊多数；具托叶 ………………………………………………………… 32. 蔷薇科 Rosaceae
64. 雄蕊 4~5；无托叶 ………………………………………………………………………… 65
65. 雄蕊对瓣；子房上位；核果 ……………………………………………… 51. 鼠李科 Rhamnaceae
65. 雄蕊和花瓣互生；子房下位；浆果 ……………………………………… 29. 虎耳草科 Saxifragaceae
66. 植物具乳汁或有色液汁 …………………………………………………………………… 67
66. 植物不具乳汁或有色液汁 ………………………………………………………………… 76
67. 植物体具黄色液汁 ………………………………………………………… 25. 罂粟科 Papaveraceae
67. 植物体具白色乳汁 ………………………………………………………………………… 68
68. 叶对生或轮生 ……………………………………………………………………………… 69
68. 叶互生 ……………………………………………………………………………………… 71
69. 钟形花冠；心皮 3~5，合生；蒴果 ……………………………………… 94. 桔梗科 Campanulaceae
69. 不为钟形花，心皮 2，离生；蓇葖果 ……………………………………………………… 70
70. 具副花冠、合蕊冠及花粉块 ……………………………………………… 74. 萝藦科 Asclepiadaceae
70. 不具副花冠、合蕊冠及花粉块 …………………………………………… 73. 夹竹桃科 Apocynaceae
71. 头状花序，聚药雄蕊 ……………………………………………………… 95. 菊科 Compositae
71. 非头状花序 ………………………………………………………………………………… 72
72. 杯状聚伞花序 ……………………………………………………………… 43. 大戟科 Euphorbiaceae
72. 不呈杯状聚伞花序 ………………………………………………………………………… 73
73. 花小单被或成隐头花序 …………………………………………………………… 6. 桑科 Moraceae
73. 花明显，具萼片和花瓣 …………………………………………………………………… 74
74. 离瓣花；雄蕊多数；萼片 2，早落 ……………………………………… 25. 罂粟科 Papaveraceae
74. 合瓣花；雄蕊 5，萼片 5 …………………………………………………………………… 75
75. 花冠漏斗状，子房上位；蒴果，具 4~6 粒种子 ………………………… 75. 旋花科 Convoolvulaceae
75. 花冠钟形，子房下位；蒴果，具多数种子 ……………………………… 94. 桔梗科 Campanulaceae
76. 木本植物 …………………………………………………………………………………… 77

76. 草本植物 …… 152
77. 乔木 …… 78
77. 灌木 …… 113
78. 单叶 …… 79
78. 复叶 …… 98
79. 叶互生 …… 80
79. 叶对生或轮生 …… 95(114)
80. 植物体常被星状毛 …… 81
80. 植物体不具星状毛 …… 82
81. 花序具披针形叶状苞片；雄蕊结合成数束，花药 2 室 …… 53. 椴树科 Tiliaceae
81. 花序不具披针形叶状苞片；单体雄蕊，花药 1 室 …… 54. 锦葵科 Malvaceae
82. 叶撕破后有橡胶丝；翅果；枝髓具横隔片 …… 30. 杜仲科 Eucommiaceae
82. 叶撕破后无橡胶丝 …… 83
83. 枝具环状托叶痕，蓇葖果 …… 23. 木兰科 Magnoliaceae
83. 枝不具环状托叶痕 …… 84
84. 芽埋藏在筒状叶柄下；老树皮剥落；花序及果序球形 …… 31. 悬铃木科 Platanaceae
84. 芽外露 …… 85
85. 叶全缘 …… 86
85. 叶锯齿缘或有裂 …… 88
86. 荚果开裂；花紫色，花冠假蝶形，簇生在老干上 …… 33. 豆科 Leguminosae
86. 浆果或核果，不开裂 …… 87
87. 小枝基部有鳞片 1 对；叶长圆形 …… 64. 柿树科 Ebenaceae
87. 小枝基部无鳞片；叶卵形或倒卵形 …… 45. 漆树科 Anacardiaceae
88. 叶具 3 主脉 …… 89
88. 叶具羽状脉或掌状脉 …… 90
89. 无花瓣，翅果或核果；雄蕊对萼 …… 5. 榆科 Ulmaceae
89. 有花瓣；雄蕊对瓣；核果 …… 51. 鼠李科 Rhamnaceae
90. 坚果，外包壳斗 …… 4. 壳斗科 Fagaceae
90. 果非上述情况 …… 91
91. 至少雄花成柔荑花序 …… 92
91. 花序不为柔荑花序 …… 94
92. 蒴果；种子有毛；雌雄异株 …… 1. 杨柳科 Salicaceae
92. 小坚果或小核果，种子无毛 …… 93
93. 雌花序球形；果熟时子房柄伸长，从花被裂片中伸出 …… 6. 桑科 Moraceae
93. 雌花序穗状或柔荑状；小坚果具翅或包在叶状总苞内 …… 3. 桦木科 Betulaceae
94. 无花瓣；翅果 …… 5. 榆科 Ulmaceae
94. 具花萼和花瓣；核果、梨果 …… 32. 蔷薇科 Rosaceae
95. 叶有锯齿缘，种子具红色假种皮 …… 46. 卫矛科 Celastraceae
95. 叶全缘或微有裂；种子无红色假种皮 …… 96
96. 叶背脉腋有黑色腺点，无星状毛；蒴果圆筒形，极长 …… 82. 紫葳科 Bignoniaceae
96. 叶背脉腋无黑色腺点，果不狭长 …… 97
97. 花冠高脚杯状，合瓣；雄蕊 2 …… 71. 木犀科 Oleaceae

97. 花冠唇形；雄蕊 4 ………………………………………… 81. 玄参科 Scrophulariaceae
98. 羽状复叶、三出复叶或单身复叶 …………………………………………………… 99
98. 乔木；掌状复叶，对生，直立宝塔形圆锥花序；蒴果三瓣裂 …… 48. 七叶树科 Hippocastanaceae
99. 叶具透明腺点 ……………………………………………………… 39. 芸香科 Rutaceae
99. 叶无透明腺点 ……………………………………………………………………… 100
100. 叶对生 …………………………………………………………………………… 101
100. 叶互生 …………………………………………………………………………… 102
101. 双翅果；三出或羽状复叶 …………………………………… 47. 槭树科 Aceraceae
101. 单翅果；奇数羽状复叶 ……………………………………… 71. 木犀科 Oleaceae
102. 具裸芽，双翅果或核果 ………………………………………………………… 103
102. 芽被芽鳞 ………………………………………………………………………… 104
103. 双翅果 ……………………………………………………… 2. 胡桃科 Juglandaceae
103. 核果 ………………………………………………………… 40. 苦木科 Simaroubaceae
104. 枝髓具横隔；核果 ………………………………………… 2. 胡桃科 Juglandaceae
104. 髓实心 …………………………………………………………………………… 105
105. 叶全缘 …………………………………………………………………………… 106
105. 叶锯齿缘或有裂 ………………………………………………………………… 107
106. 荚果；具托叶 ……………………………………………… 33. 豆科 Leguminosae
106. 核果；无托叶 ……………………………………………… 45. 漆树科 Anacardiaceae
107. 单翅果；小叶基部裂片具臭腺 ……………………………… 40. 苦木科 Simaroubaceae
107. 不为翅果 ………………………………………………………………………… 108
108. 具托叶 ……………………………………………………… 32. 蔷薇科 Rosaceae
108. 不具托叶 ………………………………………………………………………… 109
109. 蒴果开裂或呈膀胱状 …………………………………………………………… 110
109. 核果 ……………………………………………………………………………… 112
110. 蒴果膀胱状；种子黑色，花黄色 …………………………… 49. 无患子科 Sspindaceae
110. 蒴果非膀胱状 …………………………………………………………………… 111
111. 蒴果 5 裂；叶为偶数羽状复叶 ……………………………… 41. 楝科 Meliaceae
111. 蒴果 3 裂；奇数羽状复叶 …………………………………… 49. 无患子科 Sspindaceae
112. 2~3 回羽状复叶 …………………………………………… 41. 楝科 Meliaceae
112. 一回羽状复叶 ……………………………………………… 45. 漆树科 Anacardiaceae
113. 单叶 ……………………………………………………………………………… 114
113. 复叶 ……………………………………………………………………………… 146
114. 叶互生 …………………………………………………………………………… 115
114. 叶对生或轮生 …………………………………………………………………… 130
115. 叶具三主脉 ……………………………………………………………………… 116
115. 叶非三主脉 ……………………………………………………………………… 119
116. 叶全缘；早春开花，雌雄异株，头状花序；瘦果具冠毛 …………… 95. 菊科 Comprsitae
116. 叶缘锯齿状或有裂 ……………………………………………………………… 117
117. 植株无星状毛；雄蕊 4~5 …………………………………… 5. 榆科 Ulmaceae
117. 小枝或叶具星状毛；雄蕊多数 ………………………………………………… 118
118. 雄蕊分离，花药 2 室；核果 ………………………………… 53. 椴树科 Tiliaceae

118. 单体雄蕊，花药 1 室，蒴果 ………………………………………… 54. 锦葵科 Malvaceae
119. 叶全缘或有锯齿 …………………………………………………………………… 120
119. 叶具掌状或羽状裂片 ……………………………………………………………… 126
120. 叶锯齿缘 ………………………………………………………………………… 121
120. 叶全缘 …………………………………………………………………………… 122
121. 果序柔荑状，或具叶状总苞 …………………………………… 3. 桦木科 Betulaceae
121. 花和果单生，或数个簇生 ……………………………………… 32. 蔷薇科 Rosaceae
122. 具托叶 …………………………………………………………………………… 123
122. 无托叶 …………………………………………………………………………… 124
123. 无花瓣，心皮 3，合生，形成三分果瓣 ……………………… 43. 大戟科 Euphorbiaceae
123. 具花瓣；核果梨果状 …………………………………………… 32. 蔷薇科 Rosaceae
124. 花序上不育花梗羽毛状，心皮 2；核果 ……………………… 45. 漆树科 Anacardiaceae
124. 无羽毛状不育花梗 ………………………………………………………………… 125
125. 单性花小，心皮 3 ……………………………………………… 43. 大戟科 Euphorbiaceae
125. 两性花大，心皮 5 ……………………………………………… 69. 杜鹃花科 Ericaceae
126. 具托叶 …………………………………………………………………………… 127
126. 无托叶 …………………………………………………………………………… 129
127. 亚灌木；花两侧对称，有一萼距伸入花柄内；栽培花卉 …………… 35. 牻牛儿苗科 Geraniaceae
127. 花辐射对称 ……………………………………………………………………… 128
128. 梨果，外无总苞，托叶大 ……………………………………… 32. 蔷薇科 Rosaceae
128. 坚果，外包管状或叶状总苞，托叶小 ………………………… 3. 桦木科 Betulaceae
129. 心皮 5，分离，子房上位；蓇葖果 …………………………… 32. 蔷薇科 Rosaceae
129. 心皮 2，合生；子房下位；浆果 ……………………………… 29. 虎耳草科 Saxifragaceae
130. 具叶柄间三角形小托叶；花紫色，管状，雄蕊 5 ……………… 89. 茜草科 Rubiaceae
130. 无叶柄间托叶 …………………………………………………………………… 131
131. 叶具星状毛 ……………………………………………………………………… 132
131. 叶无星状毛 ……………………………………………………………………… 134
132. 冬芽裸露，枝中空；核果或浆果 ………………………………………………… 133
132. 芽具芽鳞，蒴果，枝中实 ……………………………………… 29. 虎耳草科 Saxifragaceae
133. 核果，子房下位 ………………………………………………… 90. 忍冬科 Caprifoliaceae
133. 浆果，子房上位 ………………………………………………… 78. 马鞭草科 Verbenaceae
134. 子房下位或半下位 ……………………………………………………………… 135
134. 子房上位 ………………………………………………………………………… 138
135. 雄蕊多数；萼筒呈成壶状，红色，肉质；浆果 ……………… 61. 石榴科 Punicaceae
135. 雄蕊 4~5，如多数时则花白色，萼筒不呈壶状 ………………………………… 136
136. 雄蕊多数，蒴果；叶具三主脉或羽状脉 ……………………… 29. 虎耳草科 Saxifragaceae
136. 雄蕊 4~5 ………………………………………………………………………… 137
137. 叶主脉近弧形，顶生聚伞花序，边缘花放射状，不育 ……… 68. 山茱萸科 Cornaceae
137. 叶脉不成弧形；无不育边花 …………………………………… 90. 忍冬科 Caprifoliaceae
138. 单被花 …………………………………………………………………………… 139
138. 双花被 …………………………………………………………………………… 141
139. 花蜡黄色，花托壶状；心皮多数，离生 ……………………… 24. 腊梅科 Calycanthaceae

139. 花非上位 …………………………………………………………………………………………… 140
140. 心皮 3；花被离生；蒴果，具数种子 ……………………………………… 44. 黄杨科 Buxaceae
140. 心皮 1，花被合生成管状；核果，具 1 种子 ………………………… 58. 瑞香科 Thymelaeaceae
141. 花瓣分离 …………………………………………………………………………………………… 142
141. 花瓣合生 …………………………………………………………………………………………… 144
142. 雄蕊对瓣…………………………………………………………………………… 51. 鼠李科 Rhamnaceae
142. 雄蕊对萼 …………………………………………………………………………………………… 143
143. 萼筒具明显肋棱；种子无假种皮；花瓣常皱缩；树皮剥落 ………… 60. 千屈菜科 Lythraceae
143. 萼无肋棱；种子具红色假种皮；树皮不剥落花瓣不皱缩………………… 46. 卫矛科 Celastraceae
144. 花辐射对称；雄蕊 2 ………………………………………………………… 71. 木犀科 Oleaceae
144. 花两侧对称，雄蕊 4 …………………………………………………………………………… 145
145. 子房四深裂，花柱生子房基部；小坚果 ……………………………… 79. 唇形科 Labiatae
145. 子房不深裂，花柱顶生，坚果或核果 ……………………………… 78. 马鞭草科 Verbenaceae
146. 掌状复叶 …………………………………………………………………………………………… 147
146. 羽状复叶或三出复叶 ……………………………………………………………………………… 148
147. 叶互生；伞形花序 ……………………………………………………… 66. 五加科 Araliaceae
147. 叶对生；聚伞花序 ……………………………………………………… 78. 马鞭草科 Verbenaceae
148. 叶对生 ……………………………………………………………………………………………… 149
148. 叶互生 ……………………………………………………………………………………………… 150
149. 雄蕊 2 ……………………………………………………………………… 71. 木犀科 Oleaceae
149. 雄蕊 4~5，浆果 ……………………………………………………… 90. 忍冬科 Caprifoliaceae
150. 三出复叶(2~3 回)；浆果 ………………………………………………… 21. 小蘗科 Berberidaceae
150. 非浆果；三出复叶或一回羽状复叶 ……………………………………………………………… 151
151. 花两侧对称，蝶形花冠，下位花，雄蕊 10；荚果 ………………………… 33. 豆科 Leguminosae
151. 花辐射对称，雄蕊多数；非荚果，周位花 ……………………………… 32. 蔷薇科 Rosaceae
152. 花无花被或单花被 ………………………………………………………………………………… 153
152. 花具花萼和花冠 …………………………………………………………………………………… 168
153. 具托叶鞘；小坚果 ……………………………………………………… 11. 蓼科 Polygonaceae
153. 无托叶鞘 …………………………………………………………………………………………… 154
154. 雄蕊多数 …………………………………………………………………………………………… 155
154. 雄蕊 10 或更少 …………………………………………………………………………………… 157
155. 心皮 1 至多数，离生；蓇葖果或瘦果 ………………………………… 20. 毛茛科 Ranumculaceae
155. 心皮 3，合生；雌雄同株 ……………………………………………………………………… 156
156. 叶基偏斜……………………………………………………………………… 57. 秋海棠科 Begoniaceae
156. 叶基不偏斜，叶柄盾状着生；多数雄蕊 ………………………………… 43. 大戟科 Euphorbiaceae
157. 子房下位；叶互生 ……………………………………………………………… 8. 檀香科 Santalaceae
157. 子房上位 …………………………………………………………………………………………… 158
158. 短角果圆扇形，萼片 4，雄蕊 2 ………………………………………… 27. 十字花科 Cruciferae
158. 性状不同上 ………………………………………………………………………………………… 159
159. 花两性 ……………………………………………………………………………………………… 160
159. 花单性，叶互生或对生 …………………………………………………………………………… 167
160. 总状花序；心皮 8~10，合生或离生；浆果；叶全绿，互生，无托叶 ……………………………

…………………………………………………………………………………………………… 15. 商陆科 Phytolaccaceae
160. 性状不同上 …………………………………………………………………………………………… 161
161. 子房 1 心皮，1 室，1 胚珠；花被管状，叶对生………………………………………………… 162
161. 花被非管状，心皮 2~3，胚珠 1 至多 ……………………………………………………………… 163
162. 花具叶状或恶状总苞，萼片花瓣状，胚珠基生，连萼瘦果 ………… 14. 紫茉莉科 Nyctaginaceae
162. 花无叶状总苞，胚珠顶生，核果…………………………………………………… 58. 瑞香科 Thymelaeaceae
163. 胚珠单生，基生；叶互生 …………………………………………………………………………… 164
163. 胚珠多枚，生中轴或特立中央胎座上；叶对生或互生 …………………………………………… 165
164. 萼片草质，雄蕊分离 ……………………………………………………………… 12. 藜科 Chenopodiaceae
164. 萼片干膜质，雄蕊基部合生 ………………………………………………………… 13. 苋科 Amaranthaceae
165. 叶互生，中轴胎座 ………………………………………………………………… 37. 虎耳草科 Saxifragaceae
165. 叶对生或互生；基生胎座或特立中央胎座 ………………………………………………………… 166
166. 萼片分离，雄蕊对萼或较萼片为多…………………………………………… 17. 石竹科 Caryohyllaceae
166. 萼片结合，雄蕊和萼片互生 ………………………………………………………… 71. 报春花科 Primulaceae
167. 花柱 2 条 ……………………………………………………………………………………… 6. 桑科 Moraceae
167. 花柱 1 条 ……………………………………………………………………………………… 7. 荨麻科 Urticaceae
168. 花瓣离生 …………………………………………………………………………………………………… 169
168. 花瓣合生 …………………………………………………………………………………………………… 196
169. 雄蕊 10 或更少 ……………………………………………………………………………………………… 170
169. 雄蕊多数 …………………………………………………………………………………………………… 178
170. 雄蕊分离或结合成数束 …………………………………………………………………………………… 171
170. 花雄蕊花丝结合成单体，植株具星状毛 ………………………………………………… 54. 锦葵科 Malvaceae
171. 叶具透明腺点，对生，无托叶；心皮 3~5，中轴胎座；蒴果………………………… 55. 藤黄科 Guttiferae
171. 叶无透明腺点 ……………………………………………………………………………………………… 172
172. 萼片 2，特立中央胎座，胚珠多数，盖裂或瓣裂蒴果 ………………… 16. 马齿苋科 Portulacaceae
172. 非上状 ……………………………………………………………………………………………………… 173
173. 周位花，萼管杯状、盘状或壶状 ………………………………………………………………………… 174
173. 下位花 ……………………………………………………………………………………………………… 176
174. 单叶，对生；花瓣具细爪，边缘皱波形；蒴果 ………………………………… 60. 千屈菜科 Lythraceae
174. 单叶或复叶；叶互生；花瓣与上述不同 …………………………………………………………… 175
175. 萼片 4~5，非蒴果 …………………………………………………………………………… 32. 蔷薇科 Rosaceae
175. 萼片 2，蒴果 ………………………………………………………………………… 25. 罂粟科 Papaveraceae
176. 心皮离生，无托叶；蓇葖果或瘦果………………………………………………… 20. 毛茛科 Ranunculaceae
176. 心皮合生；蒴果 …………………………………………………………………………………………… 177
177. 无花盘；单叶，不裂，有时具星状毛 ……………………………………………………… 53. 椴树科 Tiliaceae
177. 具花盘，叶 3~5 全裂，裂片线状披针形或线形 ……………………… 38. 蒺藜科 Zygophyllaceae
178. 花辐射对称 ………………………………………………………………………………………………… 179
178. 花两侧对称 ………………………………………………………………………………………………… 191
179. 叶具透明挥发油腺点 ………………………………………………………………… 39. 芸香科 Rutaceae
179. 叶无透明挥发油腺点 ……………………………………………………………………………………… 180
180. 复伞形花序；双悬果；子房下位；叶具鞘 ………………………………………… 67. 伞形科 Umbelliferae
180. 非复伞形花序 ……………………………………………………………………………………………… 181

181. 子房下位，花 4 数；蒴果 ………………………………………… 63. 柳叶菜科 Onagraceae
181. 子房上位 ………………………………………………………………………………… 182
182. 子房 2 室或因假隔膜而成 2 室，侧膜胎座或特立中央胎座 ……………………………… 183
182. 子房 2~5 室，中轴胎座 …………………………………………………………………… 186
183. 叶互生，子房 1 室，特立中央胎座 ……………………………… 17. 石竹科 Caryohyllaceae
183. 叶互生，侧膜胎座 ………………………………………………………………………… 184
184. 萼片 2，早落，花瓣 4，蒴果 …………………………………… 25. 罂粟科 Papaveraceae
184. 萼片 4，雄蕊 6，蒴果或角果 ……………………………………………………………… 185
185. 雄蕊 4 长，2 短(四强雄蕊)，无雌蕊柄；角果 …………………… 27. 十字花科 Cruciferae
185. 雄蕊等长，具雌蕊柄；蒴果 ……………………………………… 26. 白花菜科 Cppparaceae
186. 羽状复叶或三出复叶 ……………………………………………………………………… 187
186. 单叶 ………………………………………………………………………………………… 188
187. 具花盘；偶数羽状复叶，对生；分果具刺 …………………………… 38. 蒺藜科 Zygophyllaceae
187. 无花盘；三出复叶 ………………………………………………………… 34. 酢浆草科 Oxalidaceae
188. 蒴果具长喙 ……………………………………………………………… 35. 牻牛儿苗科 Geraniaceae
188. 果不具喙 …………………………………………………………………………………… 189
189. 下位花；雄蕊 10，结合，子房 10 室；蒴果 ……………………………… 37. 亚麻科 Linaceae
189. 周位花 ……………………………………………………………………………………… 190
190. 雄蕊着生杯状花托缘 ………………………………………………… 29. 虎耳草科 Saxifragaceae
190. 雄蕊生于杯状或管状花托的内侧 ………………………………………… 60. 千屈菜科 Lythraceae
191. 花有距 ……………………………………………………………………………………… 192
191. 花无距 ……………………………………………………………………………………… 195
192. 心皮 3，合生 ………………………………………………………………………………… 193
192. 心皮 2~5，合生 ……………………………………………………………………………… 194
193. 叶盾状着生，圆形，无托叶；子房 3 室 ………………………… 36. 旱金莲科 Trapaceolaceae
193. 叶茎生或基生，不为盾状着生具托叶，子房 1 室 …………………………… 56. 堇菜科 Violaceae
194. 心皮 2，侧膜胎座，1 室 ……………………………………………… 25. 罂粟科 Papaveraceae
194. 心皮 5，中轴胎座，5 室 …………………………………………… 50. 凤仙花科 Balsaminaceae
195. 心皮 1，蝶形花冠；荚果具多种子；具托叶 ……………………………… 33. 豆科 Leguminosae
195. 心皮 2，子房 2 室，每室 1 胚珠；无托叶 …………………………… 42. 远志科 Polygalaceae
196. 子房上位 …………………………………………………………………………………… 197
196. 子房下位 …………………………………………………………………………………… 211
197. 花辐射对称 ………………………………………………………………………………… 198
197. 花两侧对称 ………………………………………………………………………………… 204
198. 花冠干膜质，4 裂，雄蕊 4，盖裂蒴果；基生叶，平行脉 ………… 88. 车前科 Plantaginaceae
198. 性状不同上 ………………………………………………………………………………… 199
199. 雄蕊对瓣，胚珠多数，特立中央胎座 ……………………………… 70. 报春花科 Primulaceae
199. 雄蕊与花瓣互生或与花瓣数不等 ………………………………………………………… 200
200. 叶对生，单叶 ……………………………………………………………………………… 201
200. 叶倒生，或基生；雄蕊 5 …………………………………………………………………… 202
201. 雄蕊和花瓣同数，4~5 枚，侧膜胎座，子房 1 室；花 4~5 数 ………… 72. 龙胆科 Gentianaceae
201. 雄蕊较花瓣为少，2 枚 …………………………………………… 81. 玄参科 Scrophulariaceae

202. 子房 4 深裂，每室具 1 ~ 2 胚珠，结 4 个小坚果 ………………………… 77. 紫草科 Boraginaceae
202. 子房非四深裂，每室具多胚珠 ……………………………………………………………… 203
203. 子房 3 室，花冠卷旋状排列 ………………………………………… 76. 花葱科 Polemoniaceae
203. 子房 2 室 ……………………………………………………………………… 80. 茄科 Solanaceae
204. 叶互生 ……………………………………………………………………………………… 205
204. 叶对生，至少下部对生，偶基数 ………………………………………………………… 206
205. 一年生草本，蒴果长角状，种子有翅，花粉红色 ……………………… 82. 紫葳科 Bignoniaceae
205. 种子无翅 ………………………………………………………………… 81. 玄参科 Scrophulariaceae
206. 子房每室多胚珠 …………………………………………………………………………… 207
206. 子房每室 1 ~ 2 胚珠 ……………………………………………………………………… 209
207. 子房 1 室，侧膜胎座，叶常基生 ………………………………………… 85. 苦苣苔科 Gesneriaceae
207. 子房 2 ~ 4 室，中轴胎座 …………………………………………………………………… 208
208. 植株具腺毛，子房不完全 4 室 ……………………………………………… 83. 胡麻科 Pedaliaceae
208. 植株无腺毛，子房 2 室 ………………………………………………… 81. 玄参科 Scrophulariaceae
209. 子房 4 深裂，花柱基生 ……………………………………………………………… 79. 唇形科 Labiatae
209. 子房不 4 深裂，花柱顶生 …………………………………………………………………… 210
210. 子房 1 室，仅含 1 胚珠；萼具钩状齿牙，花孕时下弯 ……………………… 87. 透骨草科 Phrymaceae
210. 子房 2 ~ 4，每室 1 ~ 2 胚珠 ………………………………………………… 78. 马鞭草科 Verbenaceae
211. 头状花序具总苞，胚珠单生 ………………………………………………………………… 212
211. 非头状花序，叶对生 ………………………………………………………………………… 213
212. 每花具 1 杯小总苞，雄蕊 4，分离，胚珠顶生 ……………………………… 92. 川续断科 Dipsacaceae
212. 无小总苞，聚药雄蕊，胚珠基生 ………………………………………………… 95. 菊科 Compositae
213. 雄蕊 1 ~ 3，子房仅 1 胚珠，连萼瘦果 ……………………………………… 91. 败酱科 Valerianaceae
213. 雄蕊 4 ~ 5；子房具 2 室，每室具 2 至数枚胚珠；花序为聚伞状，具叶柄间托叶，花辐射对称…
……………………………………………………………………………………… 89. 茜草科 Rubiaceae
214. 水生植物 ……………………………………………………………………………………… 215
214. 陆生或沼生植物 ……………………………………………………………………………… 219
215. 植物体微小，无真正叶片，只具无茎而漂浮水面或沉没水中的叶状体 …………………………
………………………………………………………………………………… 106. 浮萍科 Lemnaceae
215. 植株具茎和叶，叶有时鳞片状 ………………………………………………………………… 216
216. 具花被 ……………………………………………………………… 102. 水鳖科 Hydrocharitaceae
216. 花无花被或不显 ……………………………………………………………………………… 217
217. 花两性或单性，排成穗状花序 …………………………………… 98. 眼子菜科 Potamogetonaceae
217. 花单性，不成穗状花序 ……………………………………………………………………… 218
218. 叶互生，长线形，花聚成球形状花序 ……………………………… 97. 黑三棱科 Sparganiaceae
218. 叶对生，边缘有齿，不形成球形头状花序 ……………………………………… 99. 茨藻科 Najadaceae
219. 禾草状植物 …………………………………………………………………………………… 220
219. 非禾草状植物 ………………………………………………………………………………… 222
220. 具花被，花序聚伞状，蒴果室背开裂为 3 瓣 ………………………………… 109. 灯心草科 Juncaceae
220. 花被特化为稃片状，刚毛状，包于壳状颖片内 …………………………………………… 221
221. 秆圆形，中空，叶二列互生排列，叶鞘常开口，颖果 …………………………… 103. 禾本科 Gramineae
221. 秆三棱形或圆形，实心，叶三列互生排列，叶鞘闭合，瘦果或胞果 …… 104. 莎草科 Cyperaceae

222. 子房上位或半下位 ································ 223
222. 子房下位 ································ 230
223. 心皮 2 至数个，分离 ································ 224
223. 心皮单生或数心皮合生 ································ 225
224. 总状花序或圆锥花序，心皮聚成头状，子房内具 1~2 胚珠················ 100. 泽泻科 Alismataceae
224. 伞形花序，子房内具多个胚珠 ································ 101. 花蔺科 Batomaceae
225. 花被缺或不明显；雌雄同株 ································ 226
225. 花被花瓣状或萼片花瓣区别明显 ································ 228
226. 肉穗花序，具彩色佛焰苞，叶具网状脉 ································ 105. 天南星科 Araceae
226. 叶线形，平行叶脉，无彩色佛焰苞 ································ 227
227. 球形头状花序 ································ 97. 黑三棱科 Sparganiaceae
227. 棒形穗状花序，上部雄花，下部雌花 ································ 96. 香蒲科 Typhaceae
228. 花被花瓣状 ································ 229
228. 萼片与花瓣区别明显，叶互生，叶柄具鞘 ································ 107. 鸭趾草科 Commelinaceae
229. 诏生水草，花被整齐，雌雄不同形 ································ 108. 雨久花科 Pontederiaceae
229. 陆生；花被整齐，雌雄同形 ································ 110. 百合科 Liliaceae
230. 草质藤本；花单性异株；蒴果；叶片宽，具网状脉 ································ 111. 薯蓣科 Dioscoreaceae
230. 直立草本；花两性 ································ 231
231. 花辐射对称；叶二行排列，基部有套褶式叶鞘 ································ 112. 鸢尾科 Iridaceae
231. 花两侧对称或不对称 ································ 232
232. 花被花瓣状，具唇瓣，雄蕊和雌蕊花柱相连成合蕊柱 ································ 114. 兰科 Orchidaceae
232. 花被有萼片和花瓣的区别，雄蕊与花柱分离，后方一雄蕊发育而具花药，其余 5 枚花瓣状，花药 1 室 ································ 113. 美人蕉科 Cannaceae

第二节 北京地区被子植物每科中分属、种检索表

(一)双子叶植物纲

1. 杨柳科 Salicaceae

1. 冬芽鳞片数枚；花的苞片边缘深裂；花具花盘而无蜜腺 ································ (1)杨属 *Populus* L.
1. 冬芽具 1 个鳞片；花的苞片全缘；花无花盘而具蜜腺 ································ (2)柳属 *Salix* L.

(1)杨属 *Populus* L.

1. 嫩茎和叶背面密被白色绒毛，叶具波状缘或常 3~5 浅裂，蒴果 2 裂。
  2. 嫩枝和幼芽密被白毛。
    3. 叶缘波状；皮孔菱形 ································ 毛白杨 *P. tomentosa* Carr.
    3. 叶 3~5 掌状浅裂，白色绒毛多，皮孔特征不典型 ································ 银白杨 *P. alba* L.（图 22）
  2. 嫩枝和幼芽被稀绒毛。
    4. 叶常为卵形或宽卵形，叶缘为 3~7 个波状齿 ······ 河北杨 *P. hopeiensis* Hu et Chow(彩图 37)
    4. 叶常为圆形，叶缘具较多的浅锯齿 ································ 山杨 *P. davidiana* Dode.(图 23)
1. 嫩茎和叶背面光滑无毛，蒴果常 3~4 裂。
  5. 树皮灰绿色；叶柄上面常具沟槽；叶卵圆形；雄蕊 30~35 枚 ············ 青杨 *P. cathayana* Rehd.

5. 树皮灰褐色，纵裂；叶柄上面无沟槽；叶三角状；雄蕊 15～25 枚 ………………………………………………………………………… 加拿大杨 *P. canadensis* Moench.（图 24）

（2）柳属 *Salix* L.

1. 叶狭条形、条状披针形或披针形。
 2. 乔木。
  3. 小枝黄色，叶缘具腺毛的锯齿，小枝不下垂 ……………… 旱柳 *S. matsudana* Koidz.（图 25）
  3. 小枝褐色或绿色，叶缘具细锯齿，小枝细长下垂……………………… 垂柳 *S. babylonica* L.
 2. 灌木，有时呈乔木状；叶背灰白色 ……………………… 筐柳 *S. linearistipularis*（Franch.）Hao.
1. 叶宽，椭圆形，子房具柄 ……………………………………………………… 黄花柳 *S. caprea* L.

2. 胡桃科 Juglandaceae

1. 果为具双翅的坚果，叶总轴具翅………………………………………… （1）枫杨属 *Pterocarya* Kunth
1. 果实为核果状，叶总轴无翅 …………………………………………………… （2）胡桃属 *Juglans* L.

（1）枫杨属 *Pterocarya* Kunth

枫杨* *P. stenoptera* DC.（图 26）

（2）胡桃属 *Juglans* L.

1. 小叶 5～9 枚，全缘或有微齿 ………………………………………………………… 胡桃* *J. regia* L.
1. 小叶 9～12 枚，有锯齿…………………………………… 核桃楸 *J. mandshurica* Max.（彩图 38）

3. 桦木科 Betulaceae

1. 小坚果扁圆形，边缘常具膜质翅；小花雄蕊 2 枚…………………………… （1）桦木属 *Betula* L.
1. 坚果圆形；雄蕊 3～10 枚。
 2. 果序穗状下弯，总苞叶状；叶具 9 对以上的侧脉 ……………………… （2）鹅耳枥属 *Carpinus* L.
 2. 果簇生，总苞叶状、管状或囊状；叶侧脉常 5～8 对。
  3. 总苞叶状或管状，坚果大，花较叶先开 …………………………………… （3）榛属 *Corylus* L.
  3. 总苞囊状，叶与花同时开放 ……………………………………… （4）虎榛子属 *Ostryopsis* Decne

（1）桦木属 *Betula* L.

1. 树皮近于深褐色；叶柄密生长条毛；叶片卵形或菱状卵形 ……… 黑桦 *B. dahurica* Pall.（彩图 39）
1. 树皮白色；叶柄无毛；叶片三角状卵形 ……………………………… 白桦 *B. platyphylla* Suk.（图 27）

（2）鹅耳枥属 *Carpinus* L.

1. 叶的侧脉为 15～32 对，果苞两侧近对称 ……………………………… 千金榆 *C. cordata* Bl.（彩图 40）
1. 叶的侧脉为 8～12 对，果苞两侧不对称 ………………………………… 鹅耳枥 *C. turczaninowii* Hce.

（3）榛属 *Corylus* L.

1. 总苞钟状，边缘具齿牙状裂片，坚果顶部外露；叶较厚，先端微内凹或急尖 …………………… ……………………………………………………………………… 榛 *C. heterophylla* Fisch.（图 28）
1. 总苞管状，密被刺毛，长度为坚果的 3～6 倍；叶较薄，先端急尖 ……………………………… ……………………………………………………… 毛榛 *C. mandshurica* Maxim. et Rupr.（图 29）

（4）虎榛子属 *Ostryopsis* Decne

虎榛子 *O. davidiana* Decne.（彩图 41）

4. 壳斗科 Fagaceae

1. 雄花序为直立的柔荑花序，坚果被总苞全部包裹……………………………… （1）栗属 *Castanea* Mill.
1. 雄花序为下垂的柔荑花序，坚果不全部被总苞（壳斗）包裹 …………………… （2）栎属 *Quercus* L.

（1）栗属 *Castanea* Mill.

栗* *C. mollissima* B.

(2) 栎属 *Quercus* L.

1. 叶边缘具刺毛状锯齿。
  2. 叶背灰白色，具白色绒毛 ……………………………… 栓皮栎 *Q. variabilis* Blume(图 30)
  2. 叶背除脉腋外均无毛 ……………………………………… 麻栎 *Q. acutissima* Carr. (图 31)
1. 叶边缘为波状。
  3. 小枝无毛。
    4. 总苞的鳞片细小而呈卵形，叶柄极短 ………………… 蒙古栎 *Q. mongolica* Fisch. (彩图 42)
    4. 总苞的鳞片线状披针形，叶柄长 1cm 以上 ………………………… 槲栎 *Q. aliena* Bl. (图 32)
  3. 小枝及叶下方具黄色毡毛；总苞鳞片呈线状披针形，叶柄极短 ……………………………………………………………………………… 槲树 *Q. dentata* Thunb. (彩图 43)

5. 榆科 Ulmaceae

1. 果为翅果；叶具羽状脉。
  2. 花两性；枝无刺 …………………………………………………… (1) 榆属 *Ulmus* L.
  2. 花杂性；枝具刺 ……………………………………………… (2) 刺榆属 *Hemiptelea* Planch.
1. 果为核果；叶具 3 主脉 ………………………………………………… (3) 朴属 *Celtis* L.

(1) 榆属 *Ulmus* L.

1. 叶先端常 3~7 裂 ……………………………… 裂叶榆 *U. laciniata* (Trautv.) Mayr. (彩图 44)
1. 叶不裂。
  2. 果实无毛。
    3. 叶椭圆形或卵状披针形，上表面光滑无毛 ………………………………… 榆 *U. pumila* L.
    3. 叶倒卵形或椭圆状倒卵形，上表面粗糙，沿叶脉散生粗毛 ……………………………………………………………………… 春榆 *U. japonica* (Rehd.) Sarg. (彩图 45)
  2. 果实有毛。
    4. 叶基偏斜 ……………………………………………………… 欧洲白榆* *Ulmus laevis* Pall
    4. 叶基不偏斜。
      5. 枝条不具栓皮翅 ………………………………… 黑榆 *U. davidiana* Planch. (彩图 46)
      5. 枝条具栓皮翅 ……………………………………… 大果榆 *U. macrocarpa* Hance(图 33)

(2) 刺榆属 *Hemiptelea* Planch.

刺榆 *H. davidii* Planch. (图 34)

(3) 朴属 *Celtis* L.

1. 叶顶端稍呈截形，中央具尾状尖头，叶较大，锯齿尖锐 ……… 大叶朴 *C. koraiensis* Nakai(图 35)
1. 叶顶端不呈截形，不具尾状尖头，叶较小，锯齿钝 ……………… 小叶朴 *C. bungeana* Bl. (彩图 47)

6. 桑科 Moraceae

1. 草本。
  2. 茎直立，无钩刺；叶互生 ……………………………………………… (1) 大麻属 *Cannabis* L.
  2. 草质藤本，具钩刺；叶对生 ……………………………………………… (2) 葎草属 *Humulus* L.
1. 木本。
  3. 茎具刺，聚花果近球形 ……………………………………………… (3) 柘树属 *Cudrania* Trec.
  3. 茎上无刺。
    4. 雌花和雄花着生在同一个肉质化的花序托内，成隐头花序 …………… (4) 无花果属 *Ficus* L.
    4. 雌花和雄花分别着生在不同的花序上，绝不成隐头花序。
      5. 雌雄花均呈柔荑花序；聚花果长圆形，果熟时子房柄不伸长 …………… (5) 桑属 *Morus* L.

5. 雄花呈柔荑花序；聚花果圆球形，果熟时子房柄伸长 …… (6)构树属 *Broussonetia* L'Herit ex Vent

(1)大麻属 *Cannabis* L.

大麻 *C. sativa* L.(图36)

(2)葎草属 *Humulus* L.

1. 叶通常5~7裂；雌花苞片基部没有黄色透明腺点 ………… 葎草 *H. scandens* (Lou.)Merr.(图37)
1. 叶通常3裂；雌花苞片基部有黄色透明腺点 …………………………………… 啤酒花* *H. lupulus* L.

(3)柘树属 *Cudrania* Trec

柘 *C. tricuspidata*(Carr.)Bur. ex Lavallee(彩图48)

(4)无花果属 *Ficus* L.

无花果* *Ficus carica* L.

(5)桑属 *Morus* L.

1. 雌蕊无花柱；叶缘锯齿不为刺芒状 ………………………………………………… 桑 *M. alba* L.(图38)
1. 雌蕊有花柱；叶缘锯齿顶端为刺芒状 ………………………… 蒙桑 *M. mongolica* Schneider.(图39)

(6)构树属 *Broussonetia* L'Herit ex Vent

构树 *B. papyrifera*(L.)Vent. (彩图49)

7. 荨麻科 Urticaceae

1. 植株无蛰毛，雌花的花被片常为3裂………………………………………… (1)冷水花属 *Pilea* Lindl.
1. 植株具蛰毛，雌花的花被片常为4裂 ………………………………………………… (2)荨麻属 *Urtica* L.

(1)冷水花属 *Pilea* Lindl.

透茎冷水花 *P. pumila*(L.)A. Gray(图40)

(2)荨麻属 *Urtica* L.

1. 叶不裂，叶片长圆形或卵状披针形 ……………………… 狭叶荨麻 *U. angustifolia* Fisch.(彩图50)
1. 叶掌状三全裂，裂片又羽裂……………………………………………………… 麻叶荨麻 *U. cannabina* L.

8. 檀香科 Santalaceae

百蕊草属 *Thesium* L.

百蕊草 *Th. chinense* Turcz.(彩图51)

9. 桑寄生科 Loranthaceae

槲寄生属 *Viscum* L.

槲寄生 *V. coloratum* (Kom.) Nakai(彩图52)

10. 马兜铃科 Aristolochiaceae

1. 草本直立，花辐射对称，果实浆果状，不开裂 ……………………………… (1)细辛属 *Asarum* L.
1. 攀援草本，花两侧对称，果为开裂的蒴果……………………………… (2)马兜铃属 *Aristolochia* L.

(1)细辛属 *Asarum* L.

辽细辛* *A. heterotropoides* Schmidt

(2)马兜铃属 *Aristolochia* L.

马兜铃 *A. contorta* Bunge(彩图53)

11. 蓼科 Polygonaceae

1. 花被片常为5，稀为4。
   2. 瘦果成熟时超出花被1~2倍 …………………………………………… (1)荞麦属 *Fagopyrum* Mill
   2. 瘦果包在宿存的花被内，或稍超出花被 ……………………………………… (2)蓼属 *Polygonum* L.

1. 花被片常为6。
   3. 瘦果不具翅，柱头3裂，内花被片在结果时膨大 ……………………… (3)酸模属 *Rumex* L.
   3. 瘦果具翅，柱头头状，内花被片在结果时不膨大 ……………………… (4)大黄属 *Rheum* L.

(1)荞麦属 *Fagopyrum* Mill.

1. 瘦果三角形，棱角尖锐…………………………………………………… 荞麦* *F. esculentum* Moench.
1. 瘦果三角形，但仅于上方具尖锐之棱角，而下方则钝而不锐 …… 苦荞麦 *F. tataricum*（L.）Gaertn.

(2)蓼属 *Polygonum* L.

1. 叶柄基部有关节，托叶鞘常2裂，并再分裂成多裂的裂片；花单生或数朵簇生于叶腋。
   2. 托叶鞘具明显的脉纹，雄蕊8，花被初为白色，果成熟时花被顶端及边缘呈红色…………………………………………………………………………… 萹蓄蓼 *P. aviculare* L.（彩图54）
   2. 托叶鞘无明显的脉纹，雄蕊5，花被白色，果成熟时花不变色 …… 小扁蓄 *P. plebieium* R. Brown
1. 叶柄基部无关节，托叶鞘不裂或不裂成上述情况，花形成顶生或腋生的花序。
   3. 托叶鞘圆筒形，先端截形或斜截形，在茎的上部更显著。
      4. 多年生草本，具根茎，叶柄由托叶鞘中部以上伸出；如水生时，叶片光滑浮生水面；旱生时茎直立，叶被硬毛 …………………………………………… 两栖蓼 *P. amphibium* L.
      4. 一年生草本，叶柄由托叶鞘中下部或茎基部伸出，茎直立或伏卧，陆生植物。
         5. 总状花序呈穗状，圆柱形，密花。
            6. 托叶鞘上部边缘具绿色环状物 ……………………………… 红蓼 *P. orientale* L.（图41）
            6. 托叶鞘上部边缘平，无裂片。
               7. 茎具稀疏倒生刺…………………………………………… 本氏蓼 *P. bungeanum* Turcz.
               7. 茎平滑或稀具软毛，无刺 ……………………… 酸模叶蓼 *P. lapathifolium* L.（图42）
         5. 总状花序虽呈穗状，较细或呈线形，疏花，常间断，花被密生腺点 ………………………………………………………………………… 水蓼 *P. hydropiper* L.（图43）
   3. 托叶鞘不呈圆筒形。
      8. 花序圆锥状，开展；茎常为假二叉分枝；瘦果成熟后较花被长 ………………………………………………………………………… 叉分蓼 *P. divaricatum* L.（彩图55）
      8. 花序不为圆锥状；若为圆锥花序，则叶基部为戟形、箭形或叶为三角形。
         9. 圆锥花序或腋生的总状花序。
            10. 茎和叶柄具倒钩刺。
               11. 茎缠绕或攀援；叶正三角形，叶柄盾状着生，托叶鞘大，近圆形，叶状，抱茎 ………………………………………………………………… 穿叶蓼 *P. perfoliatum* L.
               11. 茎直立或近蔓生；叶基部戟形 ………… 戟叶蓼 *P. thunbergii* Sieb. et Zucc.（彩图56）
            10. 茎和叶柄无钩状刺。
               12. 茎粗壮直立，雌雄异株 …………………… 虎杖* *P. cuspidatum* Sieb. et Zucc.（图44）
               12. 茎缠绕，雌雄同株。
                  13. 植株基部木质化，具肥大的块根 ……………………… 何首乌* *P. multiflorum* Thunb.
                  13. 植株基部不木质化，无肥大的块根 ………………………………………………………… 齿翅蓼 *P. dentato - alatum* Fr. Schmidt.（图45）
         9. 穗状花序顶生。
            14. 花序上生有珠芽…………………………………………… 珠芽蓼 *P. vivipsrum* L.
            14. 花序圆柱形，其上没有珠芽 …………………………… 拳蓼 *P. bistorta* L.（图46）

(3)酸模属 *Rumex* L.

1. 叶基部箭形；内花被上无瘤状突起 …………………………………………… 酸模 *R. acetosa* L.（图 47）
1. 叶基为圆形、心形或楔形；内花被上具瘤状突起。
  2. 内花被边缘全缘或微具齿。
    3. 根生叶基部微心形或圆形 ……………………………………… 巴天酸模 *R. patientia* L.（图 48）
    3. 根生叶基部楔形 ……………………………………………………… 皱叶酸模 *R. crispus* L.（图 49）
  2. 内花被边缘具针状刺。
    4. 3 枚内花被的边缘均具 2 ~ 3 对针刺 ………………………………… 长刺酸模 *R. maritiimus* L.
    4. 仅 1 枚内花被的边缘具 2 对针刺 ……………………………… 黑水酸模 *R. amurensis* Fischm.

（4）大黄属 *Rheum* L.

波叶大黄 *Rh. rhabarbarum* L.

12. 藜科 Chenopodiaceae

1. 叶扁平。
  2. 子房与花被分生。
    3. 花单性。
      4. 植物体无毛；雌花无花被 …………………………………………………（1）菠菜属 *Spinacia* L.
      4. 植物体具星状毛；花单性，雌花具花被 ………………………………（2）轴藜属 *Axyris* L.
    3. 花两性或杂性。
      5. 花被裂片通常 5。
        6. 植物体被柔毛 …………………………………………………………（3）地肤属 *Kochia* Roth.
        6. 植物体无毛或具白粉 ………………………………………………（4）藜属 *Chenopodium* L.
      5. 花被常退化为 1 ~ 3 片 ……………………………………………（5）虫实属 *Corispermum* L.
  2. 子房与花被的下部合生 ………………………………………………………………（6）甜菜属 *Beta* L.
1. 叶圆柱形。
    7. 小苞片不发达，膜质鳞片状，位于花被下方 …………………………（7）碱蓬属 *Suaeda* Forsk.
    7. 小苞片发达，革质或肉质，围抱花被 ………………………………（8）猪毛菜属 *Salsola* L.

（1）菠菜属 *Spinacia* L.

菠菜* *Spinacia oleracea* L.

（2）轴藜属 *Axyris* L.

轴藜 *Axyris amaranthoides* L.

（3）地肤属 *Kochia* Roth.

1. 叶片线形或披针形 ……………………………………………………… 地肤 *K. scoparia*（L.）Schrad(图 50)
1. 叶片狭线形 …………………………… 扫帚菜* *K. scoparia*（L.）Schrad. f. *trichophylla* Schrad. et Thell.

（4）藜属 *Chenopodium* L.

1. 花序具针状枝刺 ……………………………………………………………………… 刺藜 *Ch. aristarum* L.
1. 花序不具针状枝刺。
  2. 花被通常 3~4 深裂，但花序顶端的为 5 深裂；茎平卧或斜生 … 灰绿藜 *Ch. glaucum* L.（图 51）
  2. 花被裂片 5，茎直立。
    3. 叶全缘或中部以下仅具一对不裂或 2 裂的侧裂片 …………… 尖头叶藜 *Ch. acuminatum* Willd.
    3. 叶多少有齿。
      4. 叶掌状浅裂，种子直径 2 ~ 3mm，表面有明显深洼或凹凸不平 …… 杂配藜 *Ch. hybridum* L.
      4. 叶非掌状浅裂，种子直径不超过 2mm。
        5. 叶明显呈三裂状，中裂片和侧裂片均有齿；种子表面有清楚六角形细洼；花被裂片镊合

状闭合 …………………………………………………………… 小藜 *Ch. serotinum* L.（图 52）

5. 叶卵状三角形、长圆状卵形或菱状卵形；种子表面有浅沟纹；花被裂片覆瓦状闭合或展开 ……………………………………………………………… 藜 *Ch. album* L.（彩图 57）

（5）虫实属 *Corispermum* L.

华虫实 *C. stauntonii* Moq.（彩图 58）

（6）甜菜属 *Beta* L.

甜菜 * *B. vulgaris* L.

（7）碱蓬属 *Suaeda* Forsk.

碱蓬 *S. glauca*（Bge.）Bge.

（8）猪毛菜属 *Salsoh* L.

猪毛菜 *S. collina* Pall.（图 53）

13. 苋科 Amaranthaceae

1. 叶互生。
  2. 花丝基部连合成杯状，子房内具 2 至多数胚珠 ………………………… （1）青葙属 *Celosia* L.
  2. 花丝离生，子房内具 1 胚珠 ……………………………………………… （2）苋属 *Amaranthus* L.
1. 叶对生。
  3. 花成细长的穗状花序 …………………………………………………… （3）牛膝属 *Achyranthes* L.
  3. 花为头状或总状花序。
    4. 头状花序小，白色 ……………………………………………… （4）莲子草属 *Alternanthera* Forsk.
    4. 头状花序大，多为紫红色 ……………………………………………… （5）千日红属 *Gomphrena* L.

（1）青葙属 *Celosia* L.

鸡冠花 * *C. cristata* L.

（2）苋属 *Amaranthus* L.

1. 胞果不开裂；花被 3；叶先端常具凹头。
  2. 胞果皱缩；茎常直立 ………………………………………………… 皱果苋 *A. viridis* L.（图 54）
  2. 胞果近于平滑；茎伏卧或上升 ……………………………………… 凹头苋 *A. blitum* L.（彩图 59）
1. 胞果开裂；花被 3~5；叶先端通常不具凹头。
  3. 花被 3 片至 4 片。
    4. 花被 3 片；茎直立；花序腋生，于茎顶聚成穗状 ……………………… 苋 *A. tricolor* L.（图 55）
    4. 花被 4 片；茎伏卧；花序腋生，不于茎顶聚成穗状 ……………… 北美苋 *A. blitoides* Waston
  3. 花被 5 片。

5. 茎被密毛；花序紧密、狭窄而直立，通常不具穗状之分枝；野生植物 …… 反枝苋 *A. retroflexus* L.

5. 茎近于无毛；花序松散、宽大，直立或下垂，通常具穗状的分枝；栽培植物。
  6. 圆锥花序下垂；花被片比胞果短 ……………………………………………… 尾穗苋 * *A. caudatus* L.
  6. 圆锥花序直立；花被片与胞果等长 ……………………………………………… 老鸦谷 * *A. cruentes* L.

（3）牛膝属 *Achyranthes* L.

牛膝 *A. bidentata* Bl.（图 56）

（4）莲子草属 *Alternanthera* Forsk.

锦绣苋 *（五色草）*A. bettzickiana*（Regel）Nichols.

（5）千日红属 *Gomphrena* L.

千日红 * *G. globosa* L.

14. 紫茉莉科 Nyctaginaceae

1. 叶对生；总苞片绿色，花萼状；草本 ………………………………………… (1)紫茉莉属* *Mirabilis* L.
1. 叶互生；总苞片具色彩，叶状；木本 ……………………………… (2)叶子花属* *Bougainvillea* Comm.

(1)紫茉莉属 *Mirabilis* L.

紫茉莉* *M. jalapa* L.

(2)叶子花属 *Bougainvillea* Comm.

叶子花* *B. glabra* Choisy.

15. 商陆科 Phytolaccaceae

商陆属 *Phytolacca* L.

垂序商陆 *Ph. americana* L.（彩图 60）

16. 马齿苋科 Portulacaceae

马齿苋属 *Portulaca* L.

1. 叶片倒卵形；茎叶光滑 ………………………………………………… 马齿苋 *P. oleracea* L.（彩图 61）
1. 叶片圆筒形；茎节上有长柔毛 …………………………………… 大花马齿苋* *P. grandiflora* Hook.

17. 石竹科 Caryophyllaceae

1. 萼片离生；花瓣近无爪，稀有无花瓣者。
  2. 花柱 5 或 4。
    3. 花瓣 2 中裂；蒴果长筒形，顶端 10 齿裂 ……………………………… (1)卷耳属 *Cerastium* L.
    3. 花瓣深 2 裂几达基部；蒴果卵圆形，5 瓣裂至中部，裂瓣先端 2 齿状 …………………………… ……………………………………………………………………… (2)鹅肠菜属 *Malachium* Fries.
  2. 花柱 3。
    4. 花瓣 2 裂；蒴果 3 或 6 裂 ……………………………………………………… (3)繁缕属 *Stallaria* L.
    4. 花瓣全缘；蒴果 6 裂 ……………………………………………………………… (4)蚤缀属 *Arenaria* L.
1. 萼片合生；花瓣通常具爪。
  5. 花柱 3 或 5；萼脉明显呈肋棱状。
    6. 花大，直径 3~5cm；花柱 5 ………………………………………………… (5)剪秋罗属 *Lychnis* L.
    6. 花小，直径不足 1cm；花柱 3 ……………………………………………… (6)蝇子草属 *Selene* L.
  5. 花柱 2；萼脉不为明显呈肋棱状。
    7. 萼筒外具萼下苞；花瓣顶端具齿牙或流苏状裂………………………… (7)石竹属 *Dianthus* L.
    7. 无萼下苞；花瓣全缘或先端微凹 ……………………………………… (8)肥皂草属 *Saponaria* L.

(1)卷耳属 *Cerastium* L.

卷耳 *C. fontanum* Bau. subsp. *vulgare* (Hart.) Gre. et Burd.

(2)鹅肠菜属 *Myosoton* Moench

鹅肠菜 *M. aquaticum* (L.) Moench(彩图 62)

(3)繁缕属 *Stellaria* L.

繁缕 *S. media* (L.) Cyrillus(图 57)

(4)蚤缀属 *Arenaria* L.

灯心草蚤缀 *A. juncea* Bieb.

(5)剪秋萝属 *Lychnis* L.

大花剪秋萝 *L. fulgens* Fisch.（彩图 63）

(6)蝇子草属 *Silene* L.

1. 茎直立；蒴果先端 6 齿裂 ………………………… 女娄菜 *S. aprica* Turcz. ex Fisch. et Mey.（彩图 64）
1. 茎平卧或斜伸；蒴果先端 3 瓣裂，每裂瓣有 2 齿裂 ……………… 石生蝇子草 *S. tatarinowii* Regel.

(7)石竹属 *Dianthus* L.

1. 花瓣顶端细裂呈流苏状 …………………………………………………………… 瞿麦 *D. superbus* L.（图 58）
1. 花瓣顶端浅齿状 ………………………………………………………………… 石竹 *D. chinensis* L.（图 59）

(8)肥皂草属 *Saponaria* L.

肥皂草* *S. officinalis* L.

18. 睡莲科 Nymphaeaceae

1. 子房上位；也伸出水面 ……………………………………………………………（1）莲属 *Nelumbo* Adans.
1. 子房下位或半下位；叶漂浮于水面。
   2. 叶片、果实均具刺；花瓣 3~5 轮；雄蕊花丝线形；子房下位 …………（2）芡属 *Euryale* Salisb.
   2. 叶片、果实均无刺；花瓣多轮；雄蕊花丝花瓣状；子房半下位 ………（3）睡莲属 *Nymphaea* L.

(1)莲属 *Nelumbo* Adans.

莲* *N. nucifera* Gaerner

(2) 芡属 *Euryale* Salisb.

芡实 *E. ferox* Salisb.

(3)睡莲属 *Nymphaea* L.

睡莲* *N. tetragona* Georgi

19. 金鱼藻科 Ceratophyllaceae

金鱼藻属 *Ceratophyllum* L.

1. 叶 1 ~2 回二叉状分歧；果实边缘无翅，表面无疣状突起 ………… 金鱼藻 *C. demersum* L.（图 60）
1. 叶 3 ~4 回二叉分枝；果实边缘有翅；表面有疣状突起 ……………………………………………………
   ………………………… 粗糙金鱼藻 *C. muricatum* Cham. subsp. *kossinskyi*(Kuzeneva-Prochorova) Les.

20. 毛茛科 Ranunculaceae

1. 叶互生或基生。
   2. 花两侧对称，萼片花瓣状。
      3. 上萼片盔状或高帽状，无距；花瓣有爪 ………………………………（1）乌头属 *Aconitum* L.
      3. 上萼片有距，花瓣无爪 …………………………………………………（2）翠雀属 *Delphinium* L.
   2. 花辐射对称。
      4. 花瓣 5，基部具漏斗状的距 ……………………………………………（3）耧斗菜属 *Aquilegia* L.
      4. 花瓣无距。
         5. 有花盘；花大，直径在 10cm 以上 ………………………………………（4）芍药属 *Paeonia* L.
         5. 花无花盘；花直径在 6cm 以下。
            6. 蓇葖果。
               7. 2 ~4 回羽状复叶；圆锥花序 ……………………………………（5）升麻属 *Cimicifuga* L.
               7. 单叶；花单生 ……………………………………………………（6）金莲花属 *Trollius* L.
            6. 瘦果。
               8. 2 ~4 回羽状复叶；无花瓣…………………………………（7）唐松草属 *Thalictrum* L.
               8. 三出复叶或单叶掌状分裂；有花瓣或花萼花瓣状。
                  9. 花瓣黄色或白色 ………………………………………………（8）毛茛属 *Ranunculus* L.
                  9. 无花瓣；花被花瓣状，蓝紫色…………………………（9）白头翁属 *Pulsatilla* Adans
1. 叶对生；无花瓣；瘦果，花柱在孕果时延长成羽毛状 ……………………（10）铁线莲属 *Clematis* L.

(1)乌头属 *Aconitum* L.

1. 上萼片圆筒状，花萼黄色 …… 黄花乌头(牛扁)*A. barbatum* Pers. var. *puberulum* Ledeb.(彩图 65)
1. 上萼片盔形，花萼兰色 …………………………………………… 乌头 *A. kusnezoffii* Reichb.(图 61)

(2)翠雀属 *Delphinium* L.

翠雀 *D. grandiflorum* L.

(3)耧斗菜属 *Aquilegia* L.

1. 距末端弯曲成钩状；雄蕊不伸出花外………………………… 华北耧斗菜 *A. yabeana* Kitag.(图 62)
1. 距直或末端微弯；花黄绿色或褐紫色，雄蕊伸出花外………… 耧斗菜 *A. viridiflora* Pall.(彩图 66)

(4)芍药属 *Paeonia* L.

1. 灌木；花单生茎顶 ……………………………………………………… 牡丹* *P. suffruticosa* Andr.
1. 多年生草本；花数朵，生茎顶和叶腋 …………………………………… 芍药* *P. lactiflora* Pall.

(5)升麻属 *Cimicifuga* L.

兴安升麻 *C. dahurica* Max.(图 63)

(6)金莲花属 *Trollius* L.

金莲花 *T. chinensis* Bge.

(7)唐松草属 *Thalictrum* L.

1. 花丝上部逐渐增粗呈棒状，比花药粗；萼片白色花瓣状 ……………………………………………………………………………………… 瓣蕊唐松草 *T. petaloideum* L.(彩图 67)
1. 花丝不增粗；萼片黄色花瓣状 ……………………………………………………………… 东亚唐松草 *T. minus* L. var. *hypoleucum*(Sieb. et Zucc.)Miq.(图 64)

(8)毛茛属 *Ranunculus* L.

1. 水生植物，沉水叶细裂成毛发状；花白色 …………………… 水毛茛 *R. trichophyllus* Chaix ex Vill.
1. 陆生植物，花黄色。
   2. 叶三出复叶；茎叶被开展的长毛 ……………………………… 茴茴蒜 *R. chinensis* Bunge(图 65)
   2. 叶为单叶，掌状分裂。
      3. 花小，直径 6~8mm；聚合瘦果长圆形………………………………… 石龙芮 *R. sceleratus* L.
      3. 花较大，直径 17~23mm；聚合瘦果球形 ………………… 毛茛 *R. japonicus* Thunb.(彩图 68)

(9)白头翁属 *Pulsatilla* Adans

白头翁 *P. chinensis* Rgl.

(10)铁线莲属 *Clematis* L.

1. 茎直立。
   2. 花白色；叶羽状全裂…………………………………………………… 棉团铁线莲 *C. hexapetala* Pall.
   2. 花兰色；三出复叶 ……………………………………… 大叶铁线莲 *C. heracleifolia* DC.(彩图 69)
1. 茎攀缘。
   3. 萼片大，淡蓝色；花单生，退化雄蕊花瓣状 …… 长瓣铁线莲 *C. macropetala* Ledeb.(彩图 70)
   3. 萼片白色；聚伞圆锥花序 …………………………… 短尾铁线莲 *C. brevicaudata* DC.(彩图 71)

21. 小檗科 Berberidaceae

小檗属 *Berberis* L.

1. 刺 3~7 分叉，叶状或部分叶状 ……………………………………………… 掌刺小檗 *B. koreana* Palib.
1. 刺单一或 3 分叉。
   2. 小枝黄色或紫红色，翌年变为紫褐色；叶紫色 …………………………………………………………………………………… 紫叶小檗* *B. thunbergii* DC. var. *atropurpurea* Chenault.

2. 小枝常灰褐色，叶绿色。
3. 花 1~5 朵呈簇生状伞形花序 ……………………………… 细叶小檗 *B. poiretii* Schneid(彩图 72)
3. 花 10~25 朵呈总状花序 ……………………………………………… 大叶小檗 *B. amurensis* Rupr.

22. 防已科 Menispermaceae

蝙蝠葛属 *Menispermum* L.

蝙蝠葛 *M. dauricum* Cand.（彩图 73）

23. 木兰科 Magnoliaceae

1. 叶 4~10 裂，先端截形 ………………………………………………………… (1)鹅掌楸属 *Liriodendron* L.
1. 叶全缘。
2. 直立木本；花两性，雄蕊多数；蓇葖果 ……………………………………… (2)木兰属 *Magnolia* L.
2. 攀援木质藤本；雌雄异株；雄蕊 5；浆果 ……………………… (3)五味子属 *Schisandra* Michx.

(1)鹅掌楸属 *Liriodendron* L.

鹅掌楸* *L. chinense*（Hemsl.）Sarg.

(2)木兰属 *Magnolia* L.

1. 冬季不落叶 ………………………………………………………………… 荷花玉兰* *M. grandiflora* L.
1. 冬季落叶。
2. 花被片白色，外轮与内轮的形状相似 ………………………………………… 玉兰* *M. denudata* Desr.
2. 花被片紫色或紫红色，里面带白色，外轮的 3 片比内轮的小，灌木状 ……………………………
…………………………………………………………………………………… 紫玉兰* *M. liliflora* Desr.

(3)五味子属 *Schisandra* Michx.

五味子 *S. chinensis*（Turcz.）Baill.（彩图 74）

24. 蜡梅科 Calycathaceae

蜡梅属 *Chimonanthus* Lindl.

蜡梅* *Ch. praecox*（L.）Link

25. 罂粟科 Papaveraceae

1. 雄蕊多数，离生；花辐射对称；体内具乳汁或汁液。
2. 心皮 2，蒴果长角状。
3. 花单生 ……………………………………………………………… (1)花菱草属 *Eschscholtzia* Cham.
3. 花为伞形状聚伞花序 ……………………………………………… (2)白屈菜属 *Chelidonium* L.
2. 心皮 4 以上，蒴果球形或长圆形，仅上部开裂或孔裂 ……………………… (3)罂粟属 *Papaver* L.
1. 雄蕊 6，结合成 2 束；花两侧对称。
4. 外侧 2 花瓣基部呈囊状 ……………………………………… (4)荷包牡丹属 *Lamprocapnos* Endl.
4. 外侧仅 1 花瓣基部成长距 ……………………………………………… (5)紫堇属 *Corydalis* Vent.

(1)花菱草属 Eschscholtzia Cham.

花菱草* *E. californica* Cham.

(2)白屈菜属 *Chelidonium* L.

白屈菜 *C. majus* L.（图 66）

(3)罂粟属 *Papaver* L.

1. 多年生无茎草本；叶全基生；花黄色 ………………………………………… 野罂粟 *P. nudicaule* L.
1. 一年生具茎草本；有茎生叶；花各色。
2. 叶不抱茎，羽状全裂，茎生叶有毛 ……………………………………………… 虞美人* *P. rhoeas* L.

2. 叶抱茎，缺刻状浅裂；茎生叶无毛或被微毛 ································ 罂粟* *P. somniferum* L.

(4)荷包牡丹属 *Lamprocapnos* Endl.

荷包牡丹* *L. sepectabilis*（L.）Fuk.

(5)紫堇属 *Corydalis* Vent.

河北黄堇 *C. pallida*（Thunb.）Pers. var. *chanetii*（Levl.）S. Y. He（彩图 75）

26. 白花菜科 Capparaceae

白花菜属 *Cleome* L.

醉蝶花* *C. spinosa* Jacq.

27. 十字花科 Cruciferae

1. 羽状复叶。
  2. 有根状茎；花白色或紫色；果直立 ··· (1)碎米荠属 *Cardamine* L.
  2. 无根状茎；花白色；果稍弯 ··· (2)豆瓣菜属 *Nasturtium* R. Br.
1. 单叶。
  3. 长角果。
    4. 果实成熟不开裂，果实为念珠状 ··· (3)萝卜属 *Raphanus* L.
    4. 果实成熟开裂。
      5. 叶具裂片。
        6. 叶 2~3 回羽状全裂 ···································· (4)播娘蒿属 *Descurainia* Webb. et Berth.
        6. 叶为 1 回羽状浅裂或深裂。
          7. 叶为大头羽状分裂。
            8. 花紫色；上部叶抱茎；长角果 4 棱；子叶对折 ··
            ··· (5)诸葛菜属 *Orychophragmus* Bunge
            8. 花黄色；长角果顶端具长喙；子叶对折·························· (6)芸薹属 *Brassica* L.
          7. 叶羽状浅裂或深裂；花黄色；子叶缘倚胚根 ·················· (7)蔊菜属 *Rorippa* Scop.
      5. 叶全缘或有锯齿。
        9. 花中等大，橙黄色，野生草本 ·· (8)糖芥属 *Erysimum* L.
        9. 花白色、红色或紫色。
          10. 植株具星状毛；果瓣具 1 条明显脉；栽培花卉 ········ (9)紫罗兰属 *Matthiola* R. Br.
          10. 植株具单毛及分枝毛；4 枚长雄蕊成对合生 ········ (10)花旗竿属 *Dontostemon* Andrz
  3. 短角果。
    11. 短角果不开裂，圆扁形；花黄色 ·· (11)菘蓝属 *Isatis* L.
    11. 短角果开裂。
      12. 花黄色；短角果长圆形 ·· (12)葶苈属 *Draba* L.
      12. 花白色或无花瓣。
        13. 常无花瓣；短角果圆形，每室 1 种子 ····························· (13)独行菜属 *Lepidium* L.
        13. 花瓣 4，雄蕊 6；果实每室种子多于 1 粒。
          14. 短角果倒三角形，侧扁 ·· (14)荠属 *Capsella* Medic.
          14. 短角果圆形或卵形；栽培花卉 ···························· (15)香雪球属 *Lobularia* Desv.

(1)碎米荠属 *Cardamine* L.

1. 一年生草本，株高 6~25cm；羽状复叶较小，具 1~3 对小叶；小叶圆卵形、狭倒卵形至线形，长 2~12mm ··· 碎米荠 *C. hirsute* L.（图 67）

1. 多年生草本，株高80cm，具大型羽状复叶；小叶2~3对，长4~6cm ……………………………………………………………………………… 白花碎米荠 *C. leucantha*(Tausch.)O. E. Schulz(彩图76)

(2)豆瓣菜属 *Nasturtium* R. Br.

豆瓣菜 *N. officinale* R. Br. (彩图77)

(3)萝卜属 *Raphanus* L.

萝卜* *R. sativus* L.

(4)播娘蒿属 *Descurainia* Webb. et Berth.

播娘蒿 *D. sophia*(L.)Webb. ex Prantl. (彩图78)

(5)诸葛菜属 *Orychophragmus* Bunge

诸葛菜 *O. violaceus* (Linn.)O. E. Schulz (图68)

(6)芸苔属 *Brassica* L.

1. 叶片厚，蓝绿色被有白粉；萼片直立，花瓣乳黄色。
  2. 叶包叠成球形，扁球形或牛心形 …………………… 甘蓝(卷心菜)* *B. oleracea* L. var. *capitata* L.
  2. 叶不包叠。
    3. 花序梗、花柄和不育花变成肉质的头状体 ……………… 花椰菜* *B. oleracea* L. var. *botrytis* L.
    3. 花序梗、花柄和花正常发育；茎短，近地面部分膨大成球形或扁球形 ……………………………………………………………………… 擘蓝* *B. oleracea* L. var. *gongylodes* L.
1. 叶片薄，绿色，无或稍有白粉；萼片斜展；花瓣黄色。
  4. 茎生叶基部抱茎。
    5. 叶柄宽而扁，有翅，心叶包叠成头状或圆筒状 …………… 白菜* *B. rapa* L. var. *glabra* Regel.
    5. 叶柄无翅，心叶不包叠 ……………………………… 青菜* *B. rapa* L. var. *chinensis* (L.)Kita.
  4. 茎生叶基部不抱茎。
    6. 根肉质肥大，圆锥形或短圆筒形 ……………………………………………………………… 大头菜(芥菜疙瘩)* *B. juncea* Czern et Coss. var. *napiformis* (Pail. et Bois)Kit.
    6. 根不肥大。
      7. 叶边缘皱缩 ……………………… 雪里红* *B. juncea* Czern et Coss. var. *multiceps* Tsen et Lee
      7. 叶边缘不皱缩 ……………………………………………… 芥菜* *B. juncea* Czern et Coss.

(7)蔊菜属 *Rorippa* Scop

1. 短角果，球形，长1~2mm；果梗长7~9mm ………………… 球果蔊菜 *R. globosa* (Turcz.) Thell.
1. 长角果，长圆形或圆柱形，长5~10mm ……………… 沼生蔊菜 *R. islandica* (Oed.) Borb. (图69)

(8)糖芥属 *Erysimum* L.

糖芥 *E. amurense* Kitag. (彩图79)

(9)紫罗兰属 *Matthiola* R. Br.

紫罗兰* *M. incana*(L.)R. Br.

(10)花旗竿属 *Dontostemon* Andrz

花旗竿 *Dontostemon dentatus* Ledeb(图70)

(11)菘蓝属 *Isatis* L.

菘蓝(板蓝根)* *I. tinctoria* L. (彩图80)

(12)葶苈属 *Draba* L.

葶苈 *D. nemorosa* L. (图71)

(13)独行菜属 *Lepidium* L.

1. 茎有柱状短腺毛；茎生叶基部逐渐变狭成柄 …………………… 密花独行菜 *L. densiflorum* Schrad.

1. 茎有棍棒状腺毛；茎生叶基部宽，无柄，略呈耳状抱茎 ………… 独行菜 *L. apetalum* Willd(图 72)

(14)荠属 *Capsella* Medic.

荠 *C. bursa-pastoris*（L.）Medic.（图 73)

(15)香雪球属 *Lobularia* Desv.

香雪球* *L. maritime*（L.）Desv.

28. 景天科 Crassulaceae

1. 茎单一，叶密集成莲座丛状 ……………………………………………… (1)瓦松属 *Orostachys* Fisch.
1. 茎常有分枝，叶不密集成莲座丛状。
  2. 雄蕊 1 轮，和花瓣同数 ……………………………………………………… (2)景天属 *Sedum* L.
  2. 雄蕊 2 轮，2 倍于花瓣数。
    3. 花黄色 ……………………………………………………………………… (3)费菜属 *Phedimus* Raf.
    3. 花粉红色 …………………………………………………………… (4)八宝属 *Hylotelephium* H. Ohba

(1)瓦松属 *Orostachys* Fisch.

瓦松 *O. fimbriatus*（Turcz.）Berg.（彩图 81)

(2)景天属 *Sedum* L.

火焰草(繁缕景天) *S. stellariifolium* Framch.（彩图 82)

(3)费菜属 *Phedimus* Raf.

费菜 *P. aizoon*(L.)Hart(彩图 83)

(4)八宝属 *Hylotelephium* H. Ohba

1. 植株低矮；叶互生，生石壁 ……………………………… 华北八宝 *H. tatarinowii*(Max.)H. Ohba
1. 植株较高；叶轮生或对生，生土地 ………………… 八宝 *H. erythrostictum*（Miquel)H. Ohba(图 74)

29. 虎耳草科 Saxifragaceae

1. 草本。
  2. 花无花瓣。
    3. 叶基生，2~3 枚，卵形至心形 ……………………………… (1)独根草属 *Oresitrophe* Bge.
    3. 具茎生叶，互生或对生 ……………………………………… (2)金腰子属 *Chrysosplenium* L.
  2. 具花瓣。
    4. 花单生茎顶 ………………………………………………………… (3)梅花草属 *Parnassia* L.
    4. 化呈聚伞花序 ……………………………………………………… (4)虎耳草属 *Saxifraga* L.
1. 灌木。
  5. 蒴果；子房下位或半下位；叶对生。
    6. 花二型，花序边缘有大的不育花 ……………………………… (5)八仙花属 *Hydrangea* L.
    6. 花同型，全能育。
      7. 花 5 数，雄蕊 10 ………………………………………………… (6)溲疏属 *Deutzia* Thunb.
      7. 花 4 数；雄蕊多数 ……………………………………………… (7)山梅花属 *Philadelphus* L.
  5. 浆果；子房下位；叶互生 ……………………………………………… (8)茶藨子属 *Ribes* L.

(1)独根草属 *Oresitrophe* Bge.

独根草 *O. rupifraga* Bge.（彩图 84)

(2)金腰子属 *Chrysosplenium* L.

互叶金腰子 *Ch. alternifolium* L.

(3)梅花草属 *Parnassia* L.

梅花草 *P. palustris* L.

(4) 虎耳草属 *Saxifraga* L.

虎耳草 *S. stolonifera* Curtis.

(5)八仙花属 *Hydrangea* L.

东陵八仙花 *H. bretschneideri* Dipp.（彩图 85）

(6)溲疏属 *Deutzia* Thunb.

1. 花多朵，伞房花序 ……………………………………………… 小花溲疏 *D. parviflora* Bge.（彩图 86）
1. 花 1~3 朵，聚伞花序。
  2. 叶背面灰白色，密生星状毛；叶基圆形或亚心形，叶柄长 2~3mm ……………………………………………………………………………… 大花溲疏 *D. grandiflora* Bge.（图 75）
  2. 叶背面淡绿色，散生星状毛；叶基楔形，叶柄长 3~5mm ………… 钩齿溲疏 *D. baroniana* Diels

(7)山梅花属 *Philadelphus* L.

京山梅花(太平花)*P. pekinensis* Rupr.（彩图 87）

(8)茶藨属 *Ribes* L.

1. 小枝无刺；花序总状；果黑色或紫褐色，果光滑 …………………… 香茶藨* *R. odoratum* Wendle.
1. 小枝有刺；花仅 1~2 朵腋生叶腋；浆果黄绿色，多刺 ………………… 刺果茶藨 *R. burejense* Fr.

30. 杜仲科 Eucommiaceae

杜仲属 *Eucommia* Oliv.

杜仲* *E. ulmoides* Oliver(彩图 88)

31. 悬铃木科 Platanaceae

悬铃木属 *Platanus* L.

1. 球形聚合果 1~2 个串生；叶 3~5 浅裂。
  2. 球果多 2 个串生；叶中裂片长宽相等，背面光滑 …………………… 悬铃木 *P. acerifolia* Willd.
  2. 球果多单生；叶的裂片宽大于长，背面具绒毛 ………………… 美国悬铃木 *P. occidentalis* L.
1. 聚合果 3~7 个串生；叶 5~7 深裂 ……………………………… 三球悬铃木 *P. orientalis* L.(图 76)

32. 蔷薇科 Rosaceae

1. 果实不开裂；具托叶。
  2. 子房上位；果实非梨果。
    3. 心皮 1 枚，极少 2 或 5 枚，核果 …………………………………………… 李亚科 Prunoideae
    3. 心皮多数，分离，极少 1~2，聚合瘦果或聚合核果 ……………………… 蔷薇亚科 Rosoideae
  2. 子房下位；心皮 2~5，梨果 ………………………………………………… 苹果亚科 Maloideae
1. 果实为开裂的蓇葖果或蒴果；多无托叶 ………………………………… 绣线菊亚科 Spiraeoideae

绣线菊亚科 Spiraeoideae

1. 蓇葖果开裂；花小。
  2. 单叶。
    3. 蓇葖果不膨大；心皮 5，离生；无托叶 ……………………………… (1)绣线菊属 *Spiraea* L.
    3. 蓇葖果膨大；心皮 1~5，基部合生；有托叶 ………………… (2)风箱果属 *Physocarpus* Max.
  2. 羽状复叶，具托叶；大型圆锥花序 ……………………………… (3)珍珠梅属 *Sorbaria* A. Br.
1. 蒴果；花大，单叶，无托叶 ……………………………………… (4)白鹃梅属 *Exochorrda* Lindl.

(1)绣线菊属 *Spiraea* L.

1. 复伞房花序。
  2. 花序无毛；花白色 ………………………………………………… 华北绣线菊* *S. fritschiana* Schneid.
  2. 花序有毛。

3. 花通常为粉红色 ………………………………………………………… 粉花绣线菊* *S. japonica* L.
3. 花为白色 ……………………………………………………………… 毛果绣线菊* *S. trichocarpa* Nakai
1. 伞形花序。
4. 叶片、花序、蓇葖果无毛 ……………………………… 三裂绣线菊 *S. trilobata* L.（彩图 89）
4. 叶片下面有柔毛；花序无毛；蓇葖果腹缝微被短柔毛 ……………………………………………………………………………………… 土庄绣线菊 *S. pubescens* Turcz.（图 77）

（2）风箱果属 *Physocarpus*（Camb.）Raf.

风箱果* *Ph. amurensis*（Max.）Max.（彩图 90）

（3）珍珠梅属 *Sorbaria* A. Br.

华北珍珠梅 *S. kirilowii*（Regel）Maxim.（彩图 91）

（4）白鹃梅属 *Exochorda* Lindl.

白鹃梅 *E. racemosa*（Lindl.）Rehd.（彩图 92）

苹果亚科 Maloideae

1. 木本；羽状复叶；复伞房花序…………………………………………………………（1）花楸属 *Sorbus* L.
1. 木本；单叶。
2. 叶全缘，果小………………………………………………（2）栒子属 *Cotoneaster*（B. Ehrh.）Medic.
2. 叶边有锯齿或浅裂。
3. 心皮成熟时变为硬骨质 ………………………………………………………（3）山楂属 *Crataegus* L.
3. 心皮成熟时为革质或纸质。
4. 雌蕊每心皮内含 1～2 个胚珠。
5. 花柱离生；果肉内含石细胞 ………………………………………………（4）梨属 *Pyrus* L.
5. 花柱基部合生；果肉内不含石细胞 ……………………………………（5）苹果属 *Malus* Mill.
4. 雌蕊每心皮内含 4 至多个胚珠 ……………………………………（6）木瓜属 *Chaenomeles* Lindl.

（1）花楸属 *Sorbus* L.

北京花楸 *S. discolor*（Maxim.）Maxim.（彩图 93）

（2）栒子属 *Cotoneaster*（B. Ehrh.）Medic

灰栒子 *C. acutifolius* Turcz.

（3）山楂属 *Crataegus* L.

山楂* *C. pinnatifida* Bge.

（4）梨属 *Pyrus* L.

1. 果实上的萼片脱落；叶柄被灰白色绒毛 ………………………………… 杜梨* *P. betulaefolia* Bunge
1. 果实上萼片宿存。
2. 叶边缘具芒刺状的锯齿 ……………………………………… 秋子梨 *P. ussuriensis* Max.（彩图 94）
2. 叶边缘具圆钝锯齿……………………………… 西洋梨* *P. communis* L. var. *sativa*（Cand.）Cand.

（5）苹果属 *Malus* Mill.

1. 萼宿存；果径 2cm 以上。
2. 叶片锯齿钝；小枝及叶密生绒毛；萼片基部不肥厚，有毛 ………………… 苹果* *M. pumila* Mill
2. 叶片边缘具较尖锯齿；萼片基部肥厚，无毛。
3. 叶片下面密被短柔毛 …………………………………………………… 花红* *M. asiatica* Nakai.
3. 叶片下面仅于叶脉上有毛或近无毛 …………………………… 海棠果* *M. prunifolia* Borkh.
1. 萼脱落；果径仅 8～10mm …………………………………… 山荆子 *M. baccata*（L.）Borkh（图 78）

（6）木瓜属 *Chaenomeles* Lindl.

1. 枝无刺；花单生，后于叶开放；萼片有齿 ································ 木瓜* *C. sinensis* Kochne
1. 枝有刺；花簇生先于叶或与叶同时开放；萼片无齿 ······················ 皱皮木瓜* *C. speciosa* Nakai

李亚科 Prunoideae

1. 果实具槽；果有毛或无毛，如无毛通常有白霜；内果皮明显压缩。
   2. 叶腋内并生的3个芽中，两侧为花芽，中间为叶芽；幼叶在芽中对折；内果皮有凹痕、极少光滑 ·· (1)桃属 *Amygdalus* L.
   2. 叶腋内冬芽单生；幼叶在芽中席卷(或对折)；内果皮凹痕不明显。
      3. 花无梗或具短梗；子房和果实常被短柔毛 ··························· (2)杏属 *Armeniaca* Scopoli
      3. 花明显具花梗；子房和果实无毛、常被白霜 ······························· (3)李属 *Prunus* L.
1. 果实不具凹槽；果无毛但有白霜；内果皮不压缩。
      4. 花序通常具苞片；花单生成少数花组成短总状花序或伞房花序 ········ (4)樱属 *Cerasus* Miller
      4. 花序只有很小的苞片；多数花组成总状花序 ·························· (5)稠李属 *Padus* Miller

(1)桃属 *Amygdalus* L.

1. 乔木，枝无刺；叶卵圆形至长圆状披针形，边缘具单锯齿。
   2. 萼筒被短柔毛；果肉多汁 ·· 桃* *A. persica* L.
   2. 萼筒无毛；果肉干燥 ······················ 山桃 *A. davidiana* (Carriére) de Vos ex L. Henry(图79)
1. 灌木，枝常有刺；叶宽椭圆形至倒卵形，先端常具3裂片，边缘具重锯齿 ························ ··· 榆叶梅 *A. triloba* (L.) Ricker

(2)杏属 *Armeniaca* Scopoli

1. 一年生小枝绿色 ··· 梅* *A. mume* Sieb.
1. 一年生小枝灰棕色到红棕色。
   2. 树高5～8m；中果皮肉质，成熟后不裂 ·· 杏* *A. vulgaris* L.
   2. 灌木或2～5m小乔木；中果皮较干瘪，成熟后开裂 ·············· 山杏 *A. sibirica* (L.) Lamarck

(3)李属 *Prunus* L.

李* *P. salicina* Lind.

(4)樱属 *Cerasus* Miller

1. 腋芽3，两侧为花芽；花梗常短；果实红色。
   2. 花萼钟状，萼片反折；子房无毛或微具毛················ 欧李 *C. humilis* (Bunge) Sokolov(图80)
   2. 花萼圆筒状，萼片直立或开展；子房密被短柔毛 ··· 毛樱桃 *C. tomentosa* (Thunb.) Wallich(图81)
1. 腋芽单生；花梗长或短；果实黑色或红色。
   3. 苞片大，常宿存；核果黑色·· 樱花* *C. serrulata* (Lind.) Loudon
   3. 苞脱落；核果红色 ··· 樱桃* *C. pseudocerasus* (Lind.) Loudon

(5)稠李属 *Padus* Miller

稠李 *P. avium* Miller(彩图95)

蔷薇亚科 Rosoideae

1. 灌木或小乔木。
   2. 枝无刺；花黄色或白色。
      3. 花单生，黄色，无副萼；单叶 ·· (1)棣棠花属 *Kerria* DC.
      3. 花单生或成聚伞花序，黄或白色，具副萼；羽状复叶 ················ (2)委陵菜属 *Potentilla* L.
   2. 枝具刺；羽状复叶，稀为单叶。
      4. 聚合瘦果生杯状或坛状花托里，形成蔷薇果 ····························· (3)蔷薇属 *Rosa* L.
      4. 聚合瘦果或聚合小核果生于扁平或凸起的花托上 ······················ (4)悬钩子属 *Rubus* L.

1. 草本。
    5. 无花瓣；萼片 4，花瓣状；雄蕊 4；花序密穗状 ……………………… (5) 地榆属 *Sanguisorba* L.
    5. 有花瓣。
        6. 萼外或宿存的花柱具长钩刺；花黄色。
            7. 总状花序；萼筒具钩状刚毛 …………………………………………… (6) 龙牙草属 *Agrimonia* L.
            7. 花单生；宿存的花柱先端具长钩刺 ……………………………………… (7) 水杨梅属 *Geum* L.
        6. 萼外或花柱不具长钩刺。
            8. 花托成熟时变为肉质；三出复叶。
                9. 花白色，副萼比萼片小………………………………………………… (8) 草莓属 *Fragaria* L.
                9. 花黄色，副萼比萼片大，先端 3 裂 ………………………… (9) 蛇莓属 *Duchesnea* Smith.
            8. 花托成熟时干燥 ……………………………………………………… (2) 委陵菜属 *Potentilla* L.

(1) 棣棠花属 *Kerria* DC.

棣棠花* *K. japonica* (L.) Cand.

(2) 委陵菜属 *Potentilla* L.

1. 小灌木，花黄色 ………………………………………………………… 金露梅 *P. fruticosa* L.（彩图 96）
1. 一年生或多年生草本。
    2. 花单生于叶腋；茎匍匐、斜升或半卧生。
        3. 掌状全裂叶 …………………………………………………… 蔓委陵菜 *P. flagellaris* Willd. ex Schlecht
        3. 羽状全裂叶。
            4. 一二年生草本，无匍匐茎；小叶 7~13 ………………… 朝天委陵菜 *P. supina* L.（彩图 97）
            4. 多年生草本，有长匍匐茎；小叶 13~17 ………………………… 鹅绒委陵菜 *P. anserina* L.
    2. 花排列为聚伞花序。
        5. 羽状复叶。
            6. 顶生 3 小叶发达，与侧生小叶远离。
                7. 不具根茎；生于岩石缝隙中 ……………………………………………………………………………… 疏毛钩叶委陵菜 *P. ancistrifolia* Bunge. var. *dickinsii* Koidz.（彩图 98）
                7. 具横走根茎；生草坡湿地 ………………………… 莓叶委陵菜 *P. fragarioides* L.（彩图 99）
            6. 顶生小叶与侧生小叶同等发达，排列整齐。
                8. 小叶下面密生灰白色绒毛。
                    9. 小叶边缘有钝锯齿；全株密生白色绒毛 ………… 翻白委陵菜 *P. discolor* Bunge（图 82）
                    9. 小叶羽状中裂至深裂；植株具疏柔毛 ……………… 委陵菜 *P. chinensis* Seringe（图 83）
                8. 小叶两面均为绿色，先端常 2 裂 …………………………………… 二裂委陵菜 *P. bifurca* L.
        5. 三出复叶，小叶两面均为绿色………………………… 三叶委陵菜 *P. freyniana* Bronm.（图 84）

(3) 蔷薇属 *Rosa* L.

1. 托叶离生或仅基部贴生，脱落；花托无毛；伞形花序 …………………… 木香花 *R. banksiae* R. Br.
1. 托叶与叶柄合生，宿存；不为伞形花序。
    2. 托叶篦齿状；花柱合生，与雄蕊近等长，多花，圆锥花序，花白色 ……………………………………………………………………………………… 野蔷薇 *R. multiflora* Thunb.（图 85）
    2. 托叶全缘或具腺齿；花柱离生，短于雄蕊，花单生或 2~3 朵集生，稀数朵集生。
        3. 花柱伸出花托口外…………………………………………………………… 月季* *R. chinensis* Jacq.
        3. 花柱不伸出花托口外或微露出形成头状。
            4. 花黄色，重瓣、单生或数朵集生，无花苞，皮刺宽大 …………… 黄刺玫 *R. xanthina* Lindl.

4. 花不为黄色。
5. 小枝和皮刺密被绒毛，小叶宽，质厚，表面有明显皱纹，背面密被绒毛和腺体；花紫红色 …………………………………………………………………… 玫瑰* *R. rugosa* Thunb.
5. 小枝和皮刺均无毛，或仅幼时被疏柔毛；小叶质较薄，表面无明显皱纹。
6. 小叶背有白霜和腺体，皮刺细直，枝干下部常无针刺或少有针刺，花粉红色，果近球形 ……………………………………………………………… 红刺玫 *R. davurica* Pall.
6. 小叶背面无白霜和腺体，皮刺细直，枝干下部常有密集针刺 ……………………………………………………………… 美丽蔷薇 *R. bella* Rehd. et Wils.（彩图 100）

(4)悬钩子属 *Rubus* L.

1. 单叶，掌状 3～5 裂，叶背无绒毛 ……………… 山楂叶悬钩子 *R. crataegifolius* Bunge.（彩图 101）
1. 复叶，叶背有绒毛；小叶顶端渐尖；花白色 ………………………………… 覆盆子 *R. idaeus* L.

(5)地榆属 *Sanguisorba* L.

地榆 *S. officinalis* L.（彩图 102）

(6)龙牙草属 *Agrimonia* L.

龙牙草 *A. pilosa* Ledeb.（彩图 103）

(7) 水杨梅属 *Geum* L.

水杨梅 *G. aleppicum* Jacq.

(8) 草莓属 *Fragaria* L.

草莓* *F. ananassa* Duch.

(9)蛇莓属 *Duchesnea* Smith.

蛇莓 *D. indica*(Andr.)Focke.（图 86）

33. 豆科 Leguminosae

1. 花辐射对称，花瓣在花芽中为镊合状排列。
2. 雄蕊多数，通常在 10 枚以上，花丝多少结合；荚果扁平，不开裂 …（1）合欢属 *Albizzia* Durazz.
2. 雄蕊 4～10 枚，花丝分离；荚果稍扁平，成熟后横断成数节，每节含 1 粒种子……………………………………………………………………………… (2)含羞草属 *Mimosa* L.
1. 花两侧对称；花瓣在花芽中为覆瓦状排列。
3. 木本；假蝶形花冠。
4. 单叶；茎和枝上无刺 ………………………………………………………… (3)紫荆属 *Cercis* L.
4. 偶数羽状复叶；茎和枝上有刺 ………………………………………………… (4)皂荚属 *Gleditsia* L.
3. 草本或木本；蝶形花冠。
5. 雄蕊 10，分离或基部合生 ……………………………………………………… (5)槐属 *Sophora* L.
5. 雄蕊 10 枚，结合成一或二体雄蕊。
6. 三出复叶。
7. 木本植物。
8. 苞片宿存，每苞腋内常有 2 花…………………………… (6)胡枝子属 *Lespedeza* Michx.
8. 苞片早落，每苞腋内常有 1 花 ………………………… (7)杭子梢属 *Campylotropis* Bge.
7. 草本植物。
9. 托叶大，膜质，通常比叶柄长或近等长；荚果含 1 粒种子 ……………………………………………………………… (8)鸡眼草属 *Kummerowia* Schindl.
9. 托叶小，通常比叶柄短；荚果含多粒种子。
10. 小叶边缘有锯齿；子房基部无鞘状花盘。

11. 掌状三出复叶 …………………………………………………… (9)车轴草属 *Trifolium* L.
11. 羽状三出复叶。
12. 荚果弯曲成马蹄状或螺旋状 ………………………… (10)苜蓿属 *Medicago* L.
12. 荚果直或稍弯曲，但不成马蹄状或镰刀状 … (11)草木犀属 *Melilotus* Adans.
10. 小叶全缘；子房基部有鞘状花盘。
13. 总状花序轴上无节瘤状突起，花柱上部无毛。
14. 花分有花瓣和无花瓣两种类型，地上地下均结果 ……………………………………………………………… (12)两型豆属 *Amphicarpaea* Ell.
14. 花仅有有花瓣一种类型，地上结果 ………………… (13)大豆属 *Glycine* L.
13. 总状花序轴上有节瘤状突起，花柱上部有毛或无毛。
15. 花柱上部无毛，雄蕊花丝结合成单体雄蕊 …… (14)葛属 *Pueraria* DC.
15. 花柱上部有毛，雄蕊花丝结合成二体雄蕊。
16. 龙骨瓣先端有螺旋状卷曲的喙 …………… (15)菜豆属 *Phaseolus* L.
16. 龙骨瓣先端钝或有喙，但不卷曲 ………… (16)豇豆属 *Vigna* Savi.
6. 4 枚以上的小叶组成的复叶。
17. 偶数羽状复叶。
18. 叶轴顶端有卷须。
19. 花柱圆柱形 ………………………………………………… (17)野豌豆属 *Vicia* L.
19. 花柱扁平 …………………………………………………… (18)豌豆属 *Pisum* L.
18. 叶轴顶端无卷须。
20. 灌木；叶轴顶端变成针刺状………………………… (19)锦鸡儿属 *Caragana* Lamb.
20. 草本；小叶 2 对，叶轴顶端不成针刺状 ………………… (20)落花生属 *Arachis* L.
17. 奇数羽状复叶。
21. 木本植物。
22. 乔木；托叶变成刺 ……………………………………… (21)洋槐属 *Robinia* L.
22. 灌木或木质藤本。
23. 直立灌木；总状花序直立；蝶形花冠不完整 ……… (22)紫穗槐属 *Amorpha* L.
23. 木质藤本；总状花序下垂；蝶形花冠完整…………… (23)紫藤属 *Wisteria* Nutt.
21. 草本植物。
24. 花药有大小两种类型，药室顶端联合 …………………… (24)甘草属 *Clycyrrhiza* L.
24. 花药同形，药室顶端不联合。
25. 龙骨瓣先端有一突尖的喙 …………………………… (25)棘豆属 *Oxytropis* DC.
25. 龙骨瓣先端钝或稍尖，但无喙。
26. 荚果 1 室，无地上茎…………………… (26)米口袋属 *Gueldenstaedtia* Fisch.
26. 荚果假 2 室，有地上茎 …………………………… (27)黄耆属 *Astragalus* L.

(1)合欢属 *Albizzia* Durazz.

合欢* *A. julibrissin* Durazz.(图 87)

(2)含羞草属 *Mimosa* L.

含羞草* *M. pudica* L.

(3)紫荆属 *Cercis* L.

紫荆* *C. chinensis* Bge.(图 88)

(4)皂荚属 *Gleditsia* L.

山皂荚 *G. japonica* Miq.（图 89）

(5)槐属 *Sophora* L.

1. 小叶 7~15 枚，圆锥花序。
   2. 小枝下垂 ………………………………………………… 龙爪槐 * *S. japonica* L. var. *pendula* Loud.
   2. 小枝不下垂 ……………………………………………………………………………… 槐 * *S. japonica* L.
1. 小叶 15~29 枚；总状花序 ……………………………………… 苦参 *S. flavescens* Ait.（彩图 104）

(6)胡枝子属 *Lespedeza* Michx.

1. 茎直立粗壮，高 1m 以上的灌木；无闭锁花。
   2. 花序较复叶为长(花序长成后) ……………………………… 胡枝子 *L. bicolor* Turcz.（彩图 105）
   2. 花序较复叶为短……………………………………………………… 短序胡枝子 *L. cyrtobotrya* Miq.
1. 茎矮，为 1m 以下的半灌木；有闭锁花。
   3. 花序梗细长，明显超出叶………………………………… 多花胡枝子 *L. floribunda* Bunge.（图 90）
   3. 花序梗粗壮，通常不超出叶 ……………………………… 兴安胡枝子 *L. davurica* Schindl.（图 91）

(7)杭子梢属 *Campylotropis* Bge.

杭子梢 *C. macrocarpa*（Bge.）Rehd.

(8)鸡眼草属 *Kummerowia* Schinal.

鸡眼草 *K. stipulacea*（Maxim.）Makino(图 92)

(9)车轴草属 *Trfolium* L.

1. 茎匍匐；花序下具长梗；花白色或粉红色……………………………………… 白三叶 * *T. repens* L.
1. 茎直立；花序下无梗，生于叶腋；花紫红色 ………………………………… 红三叶 * *T. pratense* L.

(10)苜蓿属 *Medicago* L.

1. 荚果螺旋状；花紫色 …………………………………………………………………… 紫苜蓿 * *M. sativa* L.
1. 荚果马蹄形；花黄色……………………………………………………… 天兰苜蓿 *M. lupulina* L.（图 93）

(11)草木樨属 *Melilotus* Adans

1. 花白色 ……………………………………………………………… 白花草木樨 *M. albus* Medic.（图 94）
1. 花黄色 …………………………………………………… 黄香草木樨 *M. officinalis* Lam.（彩图 106）

(12)两型豆属 *Amphicarpaea* Ell.

两型豆 *A. edgeworthii* Benth.（彩图 107）

(13)大豆属 *Glycine* L.

1. 茎直立，粗壮 …………………………………………………………………………… 大豆 * *G. max*（L.）Merr.
1. 茎缠绕，细弱 ……………………………………………… 野大豆 *G. soja* Sieb. et Zucc.（彩图 108）

(14)葛属 *Puereria* DC.

葛 *P. montana*（Lour.）Mer.（图 95）

(15)菜豆属 *Phaseolus* L.

1. 花序较叶为短；荚果带形，稍弯曲，顶端不变宽 ……………………………… 菜豆 * *Ph. vulgaris* L.
1. 花序较叶为长；荚果镰状长圆形，向顶端逐渐变宽 …………………… 红花菜豆 * *Ph. coccineus* L.

(16)豇豆属 *Vigna* Savi

1. 茎、叶近无毛；茎缠绕；龙骨瓣不呈螺旋状卷曲；荚果长……… 豇豆 * *V. unguiculata*（L.）Walp.
1. 茎、叶有毛；茎近直立；龙骨瓣顶端螺旋状卷曲；荚果短些 ……… 绿豆 * *V. radiata*（L.）Wilczek

(17)野豌豆属 *Vicia* L.

1. 荚果内种子之间无横隔膜，荚果通常稍扁或扁平。

2. 花1~2朵腋生或仅由2~3朵组成总状花序；花大，长18~24mm ……………………………………………………………………… 大花野豌豆 *V. bungei* Ohwi(彩图109)

2. 总状花序，至少具5朵以上；花长度在18mm以下。

3. 小叶1对，叶轴末端为针尖状 ……………………………… 歪头菜 *V. unijuga* Al. Br (彩图110)

3. 小叶5~10对，叶轴末端卷须较发达…………………………………… 广布野豌豆 *V. cracca* Linn

1. 荚果内种子间有横隔膜，荚果不扁，近圆柱形………………………………………………… 蚕豆* *V. faba* L.

(18)豌豆属 *Pisum* L.

豌豆* *P. sativum* L.

(19)锦鸡儿属 *Caragana* Lam.

1. 小叶4枚。

2. 小叶排列成掌状(假掌状复叶)；花黄色，常带紫堇色，凋谢时变红紫色或红色 ………………………………………………………………………………… 红花锦鸡儿 *C. rosea* Turcz. (彩图111)

2. 小叶羽状排列……………………………………………………………………… 锦鸡儿 *C. arborescens* Lamarck.

1. 小叶多枚。

3. 叶轴全部不脱落，并硬化成针刺 ……………………………………… 鬼箭锦鸡儿 *C. jubata*(Pall.)Poir.

3. 叶轴脱落，花梗2~5丛生 …………………………………………… 树锦鸡儿 *C. arborescens* Lamarck.

(20)落花生属 *Arachis* L.

落花生* *A. hypogaea* L.

(21)洋槐属 *Robinia* L.

1. 小枝不具皮刺；花白色 ………………………………………………………………… 洋槐 *R. pseudoacacia* L.

1. 小枝具多数皮刺；花红色至粉红色 ………………………………………………… 毛洋槐* *R. hispida* L.

(22)紫穗槐属 *Amorpha* L.

紫穗槐* *A. frutieosa* L. (彩图112)

(23)紫藤属 *Wisteria* Nutt.

紫藤* *W. sinensis* (Sims.) Sweet

(24)甘草属 *Glycyrrhiza* L.

甘草 *G. uralensis* Fisch. (彩图113)

(25)棘豆属 *Oxytropis* DC.

蓝花棘豆 *O. caerulea* (Pall.)DC. (彩图114)

(26)米口袋属 *Gueldenstaedtia* Fisch.

米口袋 *G. verna* (Georgi) Boiss. (彩图115)

(27)黄耆属 *Astragalus* L.

1. 植株被丁字毛；小叶数多；花蓝紫色 ……………………………… 斜茎黄耆(沙打旺)*A. adsurgens* Pall.

1. 植株被单毛；小叶3~5枚；花白色或带粉红色 ……… 草木樨状黄耆 *A. melilotoides* Pall. (图96)

34. 酢浆草科 Oxalidaceae

酢浆草属 *Oxalis* L.

1. 茎平卧；托叶长圆形；花黄色 ……………………………………… 酢浆草 *O. corniculata* L. (彩图116)

1. 茎直立；托叶微小或缺如；花淡红色，有深色条纹 ……………………… 红花酢浆草 *O. corymbosa* DC.

35. 牻牛苗儿科 Geraniaceae

1. 一年生或多年生草本，植物体不肉质化，无特殊气味；花辐射对称。

2. 叶掌状浅裂或深裂；10枚雄蕊全具花药 ………………………………… (1)老鹳草属 *Geranium* L.

2. 叶羽状全裂或深裂；10枚雄蕊5个具花药 …………………… (2)牻牛儿苗属 *Erodium* L'Heritier

1. 多年生草本，常呈亚灌木状，植物体略肉质化，并有特殊气味；花稍两侧对称 ……………………………………………………………………………………………… (3)天竺葵属 *Pelargonium* L'Heritier

(1)老鹳草属 *Geranium* L.

1. 花梗通常具1花；生路边及荒地 ……………………………… 鼠掌老鹳草 *G. sibiricum* L.（图97）
1. 花梗通常具2～4花；生山地。
   2. 花小，直径不超2cm ……………………………………………… 老鹳草 *G. wilfordii* Max.(图98)
   2. 花大，直径2～4cm …………………………………………… 东北老鹳草 *G. erianthum* DC.(彩图117)

(2)牻牛儿苗属 *Erodium* L'Heritier

牻牛儿苗 *E. stephanianum* Willd.

(3)天竺葵属 *Pelargonium* L'Heritier

天竺葵* *P. hortorum* Bail.

36. 旱金莲科 Tropaeolaceae

旱金莲属 *Tropaeolum* L.

旱金莲* T. majus L.(彩图118)

37. 亚麻科 Linaceae

亚麻属 *Linum* L.

亚麻* *L. usitatissimum* L.(彩图119)

38. 蒺藜科 Zygophyllaceae

蒺藜属 *Tribulus* L.

蒺藜 *T. terrestris* L.（彩图120）

39. 芸香科 Rutaceae

1. 果为蓇葖果或核果；奇数羽状复叶。
   2. 具皮刺；叶互生；蓇葖果 ………………………………………………… (1)花椒属 *Zanthoxylum* L.
   2. 无皮刺；叶对生；核果 …………………………………………… (2)黄檗属 *Phellodendron* Rupr.
1. 果为柑果；三出复叶 ………………………………………………………………… (3)柑橘属 *Citrus* L.

(1)花椒属 *Zanthoxylum* L.

花椒* *Z. bungeanum* Maxim.

(2)黄檗属 *Phellodendron* Rupr.

黄檗 *Ph. amurenseu* Rupr.(彩图121)

(3)柑橘属 *Citrus* L.

枳* *C. trifoliata* L.

40. 苦木科 Simaroubaceae

臭椿属 *Ailanthus* Desf.

臭椿* *A. altissima* Swingle(彩图122)

41. 楝科 Meliaceae

香椿属 *Toona* Roem.

香椿* *T. sinensis*（A. Juss.）Roem.(彩图123)

42. 远志科 Polygalaceae

远志属 *Polygala* L.

西伯利亚远志 *P. sibirica* L.（彩图124）

43. 大戟科 Euphorbiaceae

1. 植物体具乳汁；无花被；杯状聚伞花序 ………………………………… (1)大戟属 *Euphorbia* L.

1. 植物体无乳汁；有花被；不为杯状聚伞花序。
  2. 木本植物。
    3. 叶基部圆形；有花瓣；雄花 1～3 朵散生 …………………… (2)雀儿舌头属 *Leptopus* Decne.
    3. 叶基部楔形；无花瓣；雄花多朵簇生 ………………… (3)一叶萩属 *Securinega* Comm ex Juss.
  2. 草本植物。
    4. 叶柄盾状着生；雄蕊多数，呈多体雄蕊 ……………………………… (4)蓖麻属 *Ricinus* L.
    4. 叶柄基部着生；雄蕊花丝分离…………………………………………… (5)铁苋菜属 *Acalypha* L.

(1)大戟属 *Euphorbia* L.

1. 一年生草本，茎平卧。
  2. 叶片上有红色斑纹 ……………………………………………… 斑叶地锦 *E. maculata* L.(图 99)
  2. 叶片上无红色斑纹 ………………………………………………………… 地锦 *E. humifusa* Willd.
1. 多年生草本，茎直立。
    3. 花序下苞片变红色 ………………………………………………… 一品红* *E. pulcherrima* Willd.
    3. 花序下苞片不变红色。
      4. 蒴果上具瘤……………………………………………………… 大戟 *E. pekinensis* Rupr.(图 100)
      4. 蒴果无瘤……………………………………………… 乳浆大戟(猫眼草)*E. esula* L.(彩图 125)

(2)雀儿舌头属 *Leptopus* Decne.

雀儿舌头 *L. chinensis* (Bge.) Pojark.(彩图 126)

(3)一叶萩属 *Securinega* Juss.

一叶萩 *S. suffruticosa* (Pau.) Rehder(图 101)

(4)蓖麻属 *Ricinus* L.

蓖麻* *R. communis* L.(彩图 127)

(5)铁苋菜属 *Acalypha* L.

铁苋菜 *A. australis* L.(彩图 128)

44. 黄杨科 Buxaceae

黄杨属 *Buxus* L.

小叶黄杨* *B. sinica* Rehd.

45. 漆树科 Anacardiaceae

1. 羽状复叶。
  2. 奇数羽状复叶，叶轴有翅或无翅；花有花瓣 …………………… (1)盐肤木属 *Rhus* (Tourn.) L.
  2. 偶数羽状复叶，叶轴无翅；花无花瓣 ……………………………………… (2)黄连木属 *Pistacia* L.
1. 单叶 …………………………………………………………………………… (3)黄栌属 *Cotinus* (Tourn.) Mill.

(1)盐肤木属 *Rhus* L.

1. 叶轴具狭翅，边缘具粗锯齿，背面密被灰褐色毛 ……………… 盐肤木 *Rh. chinensis* Mill.(图 102)
1. 叶轴无翅，边缘具细锯齿，背面仅沿脉有毛 …………………………………… 火炬树* *Rh. typhina* L.

(2)黄连木属 *Pistacia* L.

黄连木 *P. chinensis* Bge.(图 103)

(3)黄栌属 *Cotinus* Mill

黄栌* *C. coggygria* Scop. var. *cinerea* Engl.(彩图 129)

46. 卫矛科 Celastraceae

1. 木质藤本；叶互生；蒴果 3 室…………………………………………… (1)南蛇藤属 *Celastrus* L.
1. 直立灌木或乔木；叶对生；蒴果 4～5 室 ………………………………… (2)卫矛属 *Euonymus* L.

(1)南蛇藤属 *Celastrus* L.

南蛇藤 *C. orbiculatus* Thunb.(彩图 130)

(2)卫矛属 *Euonymus* L.

1. 落叶灌木或乔木。
  2. 灌木;枝有木栓翅 ………………………………………… 卫矛 *E. alatus*(Thunb.)Sieb.(图 104)
  2. 小乔木;枝无木栓翅 ……………………………… 白杜(桃叶卫矛)*E. maackii* Rup.(彩图 131)
1. 常绿灌木或攀援状。
  3. 直立灌木或小乔木;叶表面有光泽 …………………… 冬青卫矛(大叶黄杨)* *E. japonicus* Thunb.
  3. 匍匐或攀援灌木,枝上常有气生根;叶面浓绿色 ……………… 扶芳藤* *E. fortunei* Hnd - Mazt.

47. 槭树科 Aceraceae

槭属 *Acer* L.

1. 叶为羽状复叶,小叶 3~7 枚 …………………………… 糖槭(复叶槭)* *A. negundo* L.(彩图 132)
1. 叶为单叶。
  2. 叶无锯齿。
    3. 叶 5 裂。
      4. 叶 5 裂,稀 7 裂,基部浅心形或近截形,先端为尾状锐尖;翅长约为小坚果的 1.5 倍 …………………………… 色木槭* *A. pictum* Thunb. subsp. *nono*(Max.)H. Ohashi(图 105)
      4. 叶 5 裂,有时中央裂片又分裂为 3 个小裂片,基部近截形或有时下部 2 裂片向下开展,先端渐尖,翅与小坚果近等长……………………………… 元宝槭 *A. truncatum* Bunge(图 106)
    3. 叶片掌状 7 浅裂,稀 5~9 浅裂;花先于叶开放 ………………… 鸡爪槭* *A. palmatum* Thunb.
  2. 叶有锯齿,3 裂,中裂片最大…… 茶条槭* *A. tataricum* L. subsp. *ginnala*(Max.)Wesm.(彩图 133)

48. 七叶树科 Hippocastanacea

七叶树属 *Aesculus* L.

七叶树* *A. chinensis* Bge.(彩图 134)

49. 无患子科 Sapindaceae

1. 乔木;蒴果囊状;花不整齐,黄色 …………………………………… (1)栾树属 *Koelreuteria* Laxm.
1. 小乔木或灌木;蒴果具厚而硬的壁;花整齐,白色……………… (2)文冠果属 *Xanthoceras* Bunge.

(1)栾树属 *Koelreuteria* Laxm.

栾树 *K. paniculata* Laxm.(图 107)

(2)文冠果属 *Xanthoceras* Bunge

文冠果* *X. sorbifolia* Bunge(彩图 135)

50. 凤仙花科 Balsaminaceae

凤仙花属 *Impatiens* L.

1. 叶缘有锯齿;花白色、红色及紫色等,但从不为黄色;果实上有绒毛 …… 凤仙花* *I. balsamina* L.
1. 叶缘具钝锯齿;花黄色;果实无毛 ………………………… 水金凤 *I. noli-tangere* L.(彩图 136)

51. 鼠李科 Rhamnaceae

1. 叶具三出脉;托叶呈刺状 ……………………………………………… (1)枣属 *Zizyphus* Mill.
1. 叶具羽状脉;枝端常呈刺状 ………………………………………… (2)鼠李属 *Rhamnus* L.

(1)枣属 *Zizyphus* Mill.

1. 核果大,直径 1.5~2cm,核两头尖锐 ………………………………………… 枣* *Z. jujuba* Mill.
1. 核果小,直径在 1.2cm 以下;核钝头 …………………………………………………

…………………………………… 酸枣 *Z. jujuba* Mill. var. *spinosa*(Bunge) Hu ex H. F. Chow(图 108)

(2)鼠李属 *Rhamnus* L.

1. 叶卵状心形、卵圆形、菱状倒卵形或菱状卵形；种子背沟具开口。
   2. 叶卵状心形或卵圆形，边缘有锐锯齿，齿尖呈刺芒状，基部心形或截形 ……………………………………………………………………………………… 锐齿鼠李 *Rh. arguta* Maxim.（图 109）
   2. 叶菱状倒卵形或菱状卵形，基部楔形，先端急尖、突尖或渐尖 ……………………………………………………………………………………… 小叶鼠李 *Rh. parvifolia* Bunge(彩图 137)
1. 叶长圆形；种子背沟无开口；枝顶具芽；叶倒卵形或椭圆形 ……………… 鼠李 *Rh. davurica* Pall.

52. 葡萄科 Vitaceae

1. 花瓣顶部相互粘着，花后整个成帽状脱落；圆锥花序；树皮无皮孔，常成条状剥落；叶多为单叶 ……………………………………………………………………………………… (1)葡萄属 *Vitis* L.
1. 花瓣分离；聚伞花序；树皮有皮孔。
   2. 卷须顶端不扩大；花盘明显隆起 …………………………………… (2)白蔹属 *Ampelopsis* Michx.
   2. 卷须顶端常扩大成吸盘；花盘不明显或不存在 ……………… (3)地锦属 *Parthenocissus* Planch.

(1)葡萄属 *Vitis* L.

1. 花单性；种子带红色；叶基凹陷较宽……………………………………… 山葡萄 *V. amurensis* Rupr.
1. 花常为两性；种子带白色；叶基凹陷较狭 ………………………………………… 葡萄* *V. vinifera* L.

(2)白蔹属 *Ampelopsis* Michx.

1. 叶为掌状复叶。
   2. 叶轴无翅 ……………………………………………………………………… 草白蔹 *A. aconitifolia* Bge.
   2. 叶轴有翅…………………………………………………… 白蔹 *A. japonica*（Thunb.）Makino(图 110)
1. 叶为单叶；果黄色…………………………………………………… 葎叶白蔹 *A. humulifolia* Bunge（彩图 138)

(3)地锦属 *Parthenocissus* Planch.

1. 叶为 5 小叶的掌状复叶 ………………………………………………… 五叶地锦* *P. quinquefolia* Planch.
1. 叶三裂或有时为 3 全裂或为 3 出复叶 …… 爬山虎* *P. tricuspidata*(Sieb. et Zucc.) Planch.（图 111）

53. 椴树科 Tiliaceae

1. 乔木；花序梗一部分和大形叶状苞片合生 ………………………………………… (1)椴树属 *Tilia* L.
1. 灌木；花序梗不具叶状苞片 ………………………………………………………… (2)扁担杆属 *Grewia* L.

(1)椴树属 *Tilia* L.

1. 叶片大；幼枝及叶背被星状毛 ……………………… 糠椴 *T. mandshurica* Rupr. et Max.（彩图 139）
1. 叶片小；幼枝及叶背无毛 ………………………………………… 紫椴 *T. amurensis* Rupr.（图 112）

(2)扁担杆属 *Grewia* L.

扁担杆 *G. biloba* Don var. *parviflora* Hand.（彩图 140）

54. 锦葵科 Malvaceae

1. 果为分果，熟时自中轴脱落。
   2. 子房每室含 1 胚珠。
      3. 副萼 1~3 片，离生或缺 ……………………………………………………………… (1)锦葵属 *Malva* L.
      3. 副萼 6~9 片，合生……………………………………………………………………… (2)蜀葵属 *Alcea* L.
   2. 子房每室具 2 至多胚珠；无副萼 ………………………………………… (3)苘麻属 *Abutilon* Mill.
1. 果为蒴果。
   4. 花柱常 5 裂 ………………………………………………………………………… (4)木槿属 *Hibiscus* L.
   4. 花柱单生 …………………………………………………………………………… (5)棉属 *Gossypium* L.

(1)锦葵属 *Malva* L.

1. 花大，直径2.5~4cm；小苞片近卵形 ……………………………………………………………… 锦葵 *M. cathayensis* M. G. Gilbert，Y. Tang et Dorr.（彩图141）

1. 花小，直径在2cm以下；小苞片线状披针形 ……………………… 野葵 *M. verticillata* L.（图113）

(2) 蜀葵属 *Althaea* L.

蜀葵* *Alcea rosea* L.

(3)苘麻属 *Abutilon* Mill.

苘麻 *A. theophrasti* Medic.（彩图142）

(4)木槿属 *Hibiscus* L.

1. 一年生草本；萼膜质 ………………………………………… 野西瓜苗 *H. trionum* L.（彩图143）

1. 灌木或小乔木。
  2. 雄蕊柱长，伸出花外 …………………………………………………… 朱槿* *H. rosa-sinensis* L.
    3. 叶光滑，具3主脉 ……………………………………………………………… 木槿* *H. syriacus* L.
  2. 雄蕊柱不伸出花外。
    3. 叶具柔毛，具3~5主脉 ………………………………………………… 木芙蓉* *H. mutabilis* L.

(5)棉属 *Gossypium* L.

陆地棉* *G. hirsutum* L.（图114）

55. 藤黄科 Guttiferae

金丝桃属 *Hypericum* L.

1. 花柱的柱头5个；花直径4~6cm ………………………… 长柱金丝桃 *H. ascyron* L.（彩图144）

1. 花柱的柱头3个；花直径在2cm以下 …………………………… 乌腺金丝桃 *H. attenuatum* Choisy

56. 堇菜科 Violaceae

堇菜属 *Viola* L.

1. 有地上茎。
  2. 花大，直径3.5~5cm；托叶大形，长1~4cm，羽状深裂 ………………… 三色堇* *V. tricolor* L.
  2. 花小，直径在2cm以下；野生。
    3. 叶肾形；托叶近全缘；花黄色 ………………………… 双花黄堇菜 *V. biflora* L.（彩图145）
    3. 叶心形或心状三角形；托叶栉齿状；花白色或淡紫色 ……………………………………………………………… 鸡腿堇菜 *V. acuminata* Ledeb.（彩图146）

1. 无地上茎。
  4. 子房或果实有毛；果球形 ………………………………… 球果堇菜 *V. collina* Bess(彩图147)
  4. 子房及果实无毛；果不为球形。
    5. 于叶脉两侧有白色条纹 ……………………… 斑叶堇菜 *V. variegata* Fisch. ex Link(彩图148)
    5. 于叶脉两侧没有白色条纹。
      6. 根红褐色；花红紫色 ………………… 东北堇菜 *V. mandshurica* W. Bckr. Beck.（图115）
      6. 根淡褐色；花常为淡紫色或蓝紫色。
        7. 叶片大部为舌形或长圆形 ………………… 紫花地丁 *V. philippica* Cavanilles(彩图149)
        7. 叶片为卵形、卵圆形或长圆状卵形。
          8. 叶片为卵形、卵圆形，基部心形；距长常为9~10mm ……………………………………………………………… 细距堇菜 *V. tenuicornis* W. Bckr.
          8. 叶片为长圆状卵形或卵形，基部钝圆或微心形；距长4~7mm ……………………………………………………………… 早开堇菜 *V. prionantha* Bunge(彩图150)

57. 秋海棠科 Begoniaceae

秋海棠属 *Begonia* L.

1. 根具块根；野生 …… 中华秋海棠 *B. grandis* Dryander ssp. *sinensis*(A. Candolle) Lrmscher(彩图 151)
1. 根为纤维状；栽培花卉 ………………………………………… 四季海棠* *B. semperflorens* Link et Otto.

58. 瑞香科 Thymelaeaceae

1. 落叶小灌木；花被黄色 ………………………………………………………… (1)荛花属 *Wikstroemia* Endl.
1. 多年生草本，茎丛生；花白色或粉红色 ……………………………………………… (2)狼毒属 *Stellera* L.

(1)荛花属 *Wikstroemia* Endl.

河蒴荛花 *W. chamaedaphne*(Bge.) Meisn.（彩图 152）

(2)狼毒属 *Stellera* L.

狼毒 *S. chamaejasme* L.（彩图 153）

59. 胡颓子科 Elaeagnaceae

1. 花两性或杂性，单生或 2～4 朵簇生；花被 4 裂；果实椭圆形；叶较宽，披针形至卵形 ………… ……………………………………………………………………………………… (1)胡颓子属 *Elaeagnus* L.
1. 花单性，雌雄异株，短总状花序；花被 2 裂；果实球形；叶较窄，线形至披针形 ……………… ……………………………………………………………………………………… (2)沙棘属 *Hippophae* L.

(1)胡颓子属 *Elaeagnus* L.

银柳胡颓子(沙枣)* *E. angustifolia* L.(彩图 154)

(2)沙棘属 *Hippophae* L.

中国沙棘* *H. rhamnoides* L. subsp. *sinensis* Rousi.（彩图 155）

60. 千屈菜科 Lythraceae

1. 木本；萼筒半球形；花瓣大而有皱褶 ………………………………………… (1)紫薇属 *Lagerstroemia* L.
1. 草本；萼筒直，基部无距 ……………………………………………………… (2)千屈菜属 *Lythrum* L.

(1) 紫薇属 *Lagerstroemia* L.

紫薇* *L. indica* L.

(2)千屈菜属 *Lythrum* L.

千屈菜 *L. salicaria* L.（彩图 156）

61. 石榴科 Punicaceae

石榴属 *Punica* L.

石榴* *P. granatum* L.

62. 菱科 Trapaceae

菱属 *Trapa* L.

欧菱 *T. natans* L.

63. 柳叶菜科 Onagoraceae

1. 种子光滑。
   2. 花红色或紫色；浆果 ……………………………………………………… (1)倒挂金钟属 *Fuchsia* L.
   2. 花黄色或白色；蒴果 ……………………………………………………… (2)月见草属 *Oenothera* L.
1. 种子上有一簇丝状毛。
   3. 花整齐；雄蕊 2 轮，直立 ………………………………………………… (3)柳叶菜属 *Epilobium* L.
   3. 花近左右对称；雄蕊 1 轮，下垂 ………………………………… (4)柳兰属 *Chamaenerion* Adans.

(1)倒挂金钟属 *Fuchsia* L.

倒挂金钟* *F. hybrida* Voss.

(2)月见草属 *Oenothera* L.

月见草 *O. biennis* L.

(3)柳叶菜属 *Epilobium* L.

柳叶菜 *E. hirsutum* L.（彩图 157）

(4)柳兰属 *Chamaenerion* Adans.

柳兰 *C. angustifolium*（L.）Scop.（彩图 158）

64. 柿树科 Ebenaceae

柿树属 *Diospyros* L.

1. 叶背面淡绿色；花冠外面有毛；果径 3～8cm，果成熟后橙色或黄色 ………… 柿树* *D. kaki* L. f.
1. 叶下面带白色；花冠外面无毛；果径 1.5～2cm，果成熟后变黑 …… 君迁子* *D. lotus* L.（彩图 159）

65. 杉叶藻科 Hippuridaceae

杉叶藻属 *Hippuris* L.

杉叶藻 *H. vulgaris* L.

66. 五加科 Araliaceae

1. 单叶；木质藤本，借气生根攀援 …………………………………………… (1)常春藤属 *Hedera* L.
1. 复叶；乔木或灌木，无气生根。
  2. 羽状复叶 ……………………………………………………………………… (2)楤木属 *Aralia* L.
  2. 掌状复叶 ……………………………………………………………… (3)五加属 *Acanthopanax* Miq.

(1) 常春藤属 *Hedera* L.

常春藤* *H. nepalensis* Koch var. *sinensis*(Tobl.)Rehd

(2)楤木属 *Aralia* L.

楤木 *A. chinensis* L.（图 116）

(3)五加属 *Acanthopanax* Miq.

刺五加 *A. senticosus*(Rupr. et Maxim.)Maxim.（彩图 160）

67. 伞形科 Umbelliferae

1. 单叶，不分裂，平行叶脉；花黄色 …………………………………… (1)柴胡属 *Bupleurum* L.
1. 叶有裂或成复叶。
  2. 果熟时具各种毛。
    3. 肉质直根粗壮，黄色或橙红色；栽培蔬菜 ………………………… (2)胡萝卜属 *Daucus* L.
    3. 直根不为肉质或不明显，野生。
      4. 叶掌状全裂；果具钩状刺 ……………………………………… (3)变豆菜属 *Sanicula* L.
      4. 叶 2～3 回羽状全裂；果具钩状刺 ………………………………… (4)窃衣属 *Torilis* Adans.
  2. 成熟果实无毛。
    5. 花黄色；叶最终裂片丝状；一年生栽培植物 ……………………… (5)茴香属 *Foeniculum* Mill.
    5. 花白色、白绿色、淡紫色等，但绝无黄色。
      6. 花序外缘花的外侧花瓣有增大辐射瓣。
        7. 果无侧棱；整个双悬果圆球形；栽培植物 ………………………… (6)芫荽属 *Coriandrum* L.
        7. 果侧棱明显；整个双悬果背腹压扁，野生植物 ……………………… (7)独活属 *Heracleum* L.
      6. 伞形花序的花瓣均等大。
        8. 萼齿明显。
          9. 果棱肥厚、钝圆、木栓质，棱槽显著比果棱狭。

10. 小伞形花序球形；根茎肥大，中空而具横隔 ………………… (8)毒芹属 *Cicuta* L.
10. 小伞形花序不为球形；根茎不肥大，无横隔 ……………… (9)水芹属 *Oenanthe* L.
9. 果棱细，丝状或狭翅状，不为木栓质，棱槽比果棱宽。
11. 叶裂片细，丝状或线状；果皮厚 ………………………… (10)藁本属 *Ligusticum* L.
11. 叶裂片宽；果皮薄膜质 ……………………………… (11)山芹属 *Ostericum* Hoffm.
8. 萼齿不明显。
12. 果侧棱宽于背棱和中棱 ……………………………………………… (12)当归属 *Angelica* L.
12. 果各棱近相等。
13. 果棱均为翅状；每棱槽中各具 1 油管…………………… (13)蛇床属 *Cnidium* Cuss.
13. 果棱不明显，不为翅状。
14. 每果棱及棱槽中各具 1 油管；野生植物 …… (14)防风属 *Saposhnikovia* Schischk.
14. 仅棱槽中具 1 油管；栽培植物 ………………………………… (15)芹属 *Apium* L.

(1)柴胡属 *Bupleurum* L.

柴胡(北柴胡)*B. chinense* DC. (图 117)

(2)胡萝卜属 *Daucus* L.

胡萝卜* *D. carota* L. var. *sativa* Hoffm.

(3) 变豆菜属 *Sanicula* L.

变豆菜 *S. chinensis* Bunge(图 118)

(4)窃衣属 *Torilis* Adans.

窃衣 *T. japonica* (Houtt.) DC. (图 119)

(5)茴香属 *Foeniculum* Mill.

茴香* *F. vulgare* Mill.

(6)芫荽属 *Coriandrum* L.

芫荽* *C. sativum* L.

(7)独活属 *Heracleum* L.

短毛独活 *H. moellendorffii* Hance. (图 120)

(8)毒芹属 *Cicuta* L.

毒芹 *C. virosa* L.

(9)水芹属 *Oenanthe* L.

水芹 *O. javanica* (Blume) DC. (图 121)

(10)藁本属 *Ligusticum* L.

岩茴香 *L. tachiroei* (Franch. et Sav.) Hiroe et Const.

(11)山芹属 *Ostericum* Hoffm.

山芹 *O. sieboldii*(Miq.)Nakai(图 122)

(12)当归属 *Angelica* L.

1. 小叶柄呈弧形弯曲；花序下面的叶鞘长椭圆形或狭卵形 … 拐芹当归 *A. polymorpha* Max. (图 123)
1. 小叶柄平直，不呈弧形弯曲；花序下面的叶鞘卵形 ……………………………………………………………………………… 白芷 *A. dahurica* (Fisch.) Benth. et Hook. f. ex Franch. et Sav(彩图 161)

(13)蛇床属 *Cnidium* Cuss.

蛇床 *C. monnieri* (L.) Cuss. (图 124)

(14)防风属 *Saposhnikovia* Schischk.

防风 *S. divaricata* (Turcz.) Schischk. (图 125)

(15)芹属 *Apium* L.

芹*A. graveolens* L.

68. 山茱萸科 Cornaceae

1. 花序下无总苞片，核果常近于圆球形 ………………………………………… (1)梾木属 *Cornus* L.
1. 花序下具4枚总苞片，核果常为长椭圆形 ……………………… (2)山茱萸属 *Macrocarpium* Nakai.

(1)梾木属 *Cornus* L.

1. 灌木；小枝血红色；果实卵圆形，白色或带蓝紫色 …………………… 红瑞木*C. alba* L.(图126)
1. 灌木或小乔木;；小枝紫红色；果实近球形，成熟后蓝黑色………… 沙梾 *C. bretschneideri* L. Henry

(2)山茱萸属 *Macrocarpium* Nakai.

山茱萸*M. officinalis* (Sieb et Zucc.) Nakai(彩图162)

69. 杜鹃花科 Ericaceae

杜鹃花属 *Rhododendron* L.

1. 总状花序，多花，花白色；当果脱落后，在上年的枝端常留有1至多个花序轴 …………………
   ……………………………………………………………… 照山白 *Rh. micranthum* Turcz. (彩图163)
1. 花1~4朵着生于枝端，花紫红色、粉紫红色，稀白色；枝端无残存花序轴 ………………………
   ………………………………………………………… 迎红杜鹃 *Rh. mucronulatum* Turcz. (彩图164)

70. 报春花科 Primulaceae

1. 叶全为茎生，总状花序 ………………………………………………… (1)珍珠菜属 *Lysimachia* L.
1. 叶全为基生，伞形花序。
   2. 花冠管短于花冠裂片和花萼，花冠喉部缢缩 …………………………… (2)点地梅属 *Androsace* L.
   2. 花冠管长于花冠裂片和花萼，花冠喉部不缢缩 ………………………… (3)报春花属 *Primula* L.

(1)珍珠菜属 *Lysimachia* L.

1. 花黄色；圆锥花序；叶有黑色腺点 ……………………………… 黄连花 *L. davurica* Ledeb(彩图165)
1. 花白色；总状花序；叶无腺点 ………………………………… 狼尾花 *L. barystachys* Bunge(彩图166)

(2)点地梅属 *Androsace* L.

1. 叶近圆形………………………………………………… 点地梅 *A. umbellata* (Lour.) Merr. (图127)
1. 叶长圆形至倒披针形 ………………………………………………… 东北点地梅 *A. filiformis* Retz.

(3)报春花属 *Primula* L.

1. 叶无柄，全株几乎无毛；花红色 ………………………… 胭脂花 *P. maximowiczii* Regel(彩图167)
1. 叶具柄，叶被柔毛；花粉色 ……………………… 翠南报春(樱草) *P. sieboldii* E. Morren(彩图168)

71. 木樨科 Oleaceae

1. 果实为翅果或蒴果。
   2. 翅果。
      3. 复叶；果体长形，前端有翅 ……………………………………… (1)白蜡树属 *Fraxinus* L.
      3. 单叶；果体圆形，周围有翅 …………………………………… (2)雪柳属 *Fontanesia* Labill.
   2. 蒴果；种子有翅。
      4. 枝空心或有片状髓；花黄色 …………………………………… (3)连翘属 *Forsythia* Vahl.
      4. 枝实心；花紫色、红色、白色 …………………………………… (4)丁香属 *Syringa* L.
1. 果实为核果、浆果状核果或浆果。
      5. 核果 ………………………………………………………………… (5)流苏树属 *Chionanthus* L.
      5. 浆果状核果或浆果。
         6. 单叶；花冠小，漏斗状，裂片4；浆果状核果，单生…………… (6)女贞属 *Ligustrum* L.

6. 三出复叶，稀单叶；花冠大，高脚蝶状，4～9 裂；浆果常双生或其中 1 果不发育而为单生 ………………………………………………………………… (7)茉莉属 *Jasmimum* L.

(1)白蜡树属 *Fraxinus* L.

1. 花序生自去年枝上无叶的腋芽，花单性，无花冠，先于叶开放；果翅顶生不下延 ……………………………………………………………………………… 美国白蜡* *F. americana* L.
1. 圆锥花序顶生于当年生枝上，花与叶同时开放。
   2. 具花冠；复叶的小叶几近相等；小乔木或灌木 ………… 小叶白蜡 *F. bungeana* DC.（彩图 169）
   2. 无花冠；复叶顶端小叶较大，共 5 枚小叶；乔木 ……………… 大叶白蜡(花曲柳) *F. chinensis* Rox. ssp. *rhynchophylla* (Hance) E. Murray(图 128)

(2)雪柳属 *Fontanesia* Labill.

雪柳* *F. philliraeoides* ssp. *fortunei* (Carriere) Yaltirik(图 129)

(3)连翘属 *Forsythia* Vahl.

1. 枝除节部外中空，萌枝的叶常具 3 小叶或 3 深裂 …… 连翘* *F. suspensa* (Thunb.) Vahl.（图 130）
1. 枝具片状髓，单叶 ………………………………………… 金钟花* *F. viridissima* Lindl.（图 131）

(4)丁香属 *Syringa* L.

1. 花冠筒与萼等长或稍长。
   2. 花黄白色；雄蕊与花冠裂片等长；果实长约 2.5cm …………………… 北京丁香 *S. reticulata*(Blume) Hara ssp. *pekinensis* (Rupr.) P. S. Green et M. C. Chany
   2. 花白色；雄蕊长为花冠的 2 倍；果实长约 1.5cm …… 暴马丁香 *S. reticulata* (Blume) Hara ssp. *amurensis* (Rupr.) P. S. Green et M. C. Chang(彩图 170)
1. 花冠筒明显长于花萼，花丝极短，雄蕊内藏于花冠筒之中。
   3. 圆锥花序顶生；叶有毛 ………………………………………… 红丁香 *S. villosa* Vahl.
   3. 圆锥花序侧生；叶无毛 ……………………………… 紫丁香* *S. oblata* Lindl.（图 132）

(5)流苏树属 *Chionanthus* L.

流苏树 *C. retusus* Lindl. et Paxt(彩图 171)

(6)女贞属 *Ligustrum* L.

水蜡树* *L. obtusifolium* Sieb. et Zucc.

(7)茉莉属 *Jasminum* L.

迎春花* *J. nudiflorum* Lindl.

72. 龙胆科 Gentianaceae

1. 陆生草本；叶对生；花蓝色、白色；蒴果开裂 ………………… (1)龙胆属 *Gentiana* L.
1. 水生草本；叶互生；黄黄色；蒴果不开裂 ………………… (2)荇菜属 *Nymphoides* Hill.

(1)龙胆属 *Gentiana* L.

1. 植株较大，高 20cm 以上，粗壮；顶生聚伞花序簇生成头状；叶具 5 脉 ……………………………………………………………… 秦艽 *G. macrophylla* Pall.（彩图 172）
1. 植株较小，高 5～15cm，细弱；花单生于枝端；叶具不明显 3 出脉 ……………………………………………………………… 小龙胆 *G. squarrosa* Ledeb.（彩图 173）

(2)荇菜属 *Nymphoides* Hill

荇菜 *N. peltatum* O. Kuntze(彩图 174)

73. 夹竹桃科 Apocynaceae

1. 木本；叶轮生 ………………………………………… (1)夹竹桃属 *Nerium* L.
1. 亚灌木；叶对生 ……………………………………… (2)罗布麻属 *Apocynum* L.

(1)夹竹桃属 *Nerium* L.

夹竹桃* *N. oleander* L.(彩图 175)

(2)罗布麻属 *Apocynum* L.

罗布麻 *A. venetum* L.

74. 萝藦科 Ascleiladaceae

1. 木质藤本；花丝分离 ………………………………………………………………(1)杠柳属 *Periploca* L.
1. 草质藤本或直立；花丝合生成管状。
   2. 副花冠环状；柱头伸至花药之外；果皮有瘤状突起……………………(2)萝藦属 *Metaplexis* R. Br.
   2. 副花冠环状；柱头不伸出花药；果皮平滑无瘤状突起……………………(3)鹅绒藤 *Cynanchum* L.

(1)杠柳属 *Periploca* L.

杠柳 *P. sepium* Bunge(彩图 176)

(2)萝藦属 *Metaplexis* R. Br.

萝藦 *M. japonica* (Thunb.) Makino(彩图 177)

(3)鹅绒藤属 *Cynanchum* L.

1. 茎缠绕；叶为心形；花白色；副花冠裂片流苏状；叶基部无耳 ……………………………………………………………………………………………………… 鹅绒藤 *C. chinense* R. Br.(图 133)
1. 茎直立。
   2. 叶卵形、广椭圆形或卵状椭圆形；叶两面被白毛；花深紫色 … 白薇 *C. atratum* Bunge(图 134)
   2. 叶狭线形或线状披针形；叶无白毛；花黄绿色、黄色或黄白色 ……………………………………………………………………………………………… 地梢瓜 *C. thesioides* K. Schum.(图 135)

75. 旋花科 Convolvulaceae

1. 植物体具绿叶，不是寄生植物。
   2. 柱头头状。
      3. 花冠红色；雄蕊和花柱伸出花冠；花冠成长管状……………………(1)茑萝属 *Quamoclit* Mill
      3. 雄蕊和花柱不伸出花冠；花冠成漏斗状。
         4. 雌蕊 3 心皮，子房 3 室 ………………………………………………(2)牵牛属 *Pharbitis* Choisy
         4. 雌蕊 2 心皮，子房 2 室 ……………………………………………………(3)番薯属 *Ipomaea* L.
   2. 柱头线状。
         5. 花萼不为苞片所包，苞片小，远离萼片……………………………(4)旋花属 *Convolvulus* L.
         5. 花萼为苞片所包，苞片大，靠近萼片 ……………………(5)打碗花属 *Calystegia* R. Br.
1. 寄生植物 ……………………………………………………………………………………(6)菟丝子属 *Cuscuta* L.

(1)茑萝属 *Quamoclit* Mill

茑萝* *Q. pennata* (Desr.) Bojer

(2)牵牛属 *Pharbitis* Choisy

1. 叶为圆形，全缘，萼片为椭圆形 …………………………………… 圆叶牵牛 *Ph. purpurea*(L.) Viogt.
1. 叶为 3~5 裂，中裂片的基部向内凹陷，萼片为披针形，向外反卷 ……………………………………………………………………………………………… 裂叶牵牛 *Ph. hederacea* (L.) Choisy(图 136)

(3)番薯属 *Ipomoea* L.

1. 陆生，地下部分具块根；茎实心，被毛 ……………………………………… 番薯* *I. batatas* (L.) Lam.
1. 水生或湿地生，地下部分不具块根；茎空心 ………………………………………… 蕹菜* *I. aquatica* Forsk.

(4)旋花属 *Convolvulus* L.

田旋花 *C. arvensis* L.(彩图 178)

(5)打碗花属 *Calystegia* R. Br.

1. 植株被毛；叶常为长圆形，叶基为截形或微呈戟形 …… 藤长苗 *C. pellita*(Ledeb.)G. Don. (图 137)

1. 植被常无毛。叶卵状三角形或戟形 ………………………… 打碗花 *C. hederacea* Wall. (彩图 179)

(6)菟丝子属 *Cuscuta* L.

1. 花柱 2；茎纤细，黄色 …………………………………………… 菟丝子 *C. chinensis* Lam. (图 138)

1. 花柱单一，柱头明显具 2 裂片；萼片圆形；茎粗壮，常为橘红色 ……………………………………………………………………………………………… 金灯藤 *C. japonica* Choisy(彩图 180)

76. 花荵科 Polemoniaceae

1. 叶为羽状裂或羽状复叶；雄蕊着生在花冠管的等高位置 ……………… (1)花荵属 *Polemonium* L.

1. 单叶不裂；雄蕊着生在花冠管上的位置不等高………………… (2)天蓝绣球(福禄考)属 *Phlox* L.

(1)花荵属 *Polemonium* L.

花荵 *P. caeruleum* L.

(2)天蓝绣球(福禄考)属 *Phlox* L.

天蓝绣球(福禄考)* *P. paniculata* L.

77. 紫草科 Boraginaceae

1. 4 个小坚果棱脊上具刺……………………………………………………… (1)鹤虱属 *Lappula* V. Wolf.

1. 小坚果不具刺。

  2. 小坚果肾形，密生小瘤状突起，腹面中部有凹陷 …………… (2)斑种草属 *Bothriospermum* Bge.

  2. 小坚果四面体形或透镜形，无瘤状突起，腹面无凹陷。

    3. 小坚果四面体形；花冠裂片覆瓦状排列………………………… (3)附地菜属 *Trigonotis* Stev.

    3. 小坚果透镜形；花冠裂片螺旋状排列 ……………………………… (4)勿忘草属 *Myosotis* L.

(1)鹤虱属 *Lappula* V. Wolf.

鹤虱 *L. myosotis* V. Wolf. (彩图 181)

(2)斑种草属 *Bothriospermum* Bge.

斑种草 *B. chinense* Bge. (图 139)

(3)附地菜属 *Trigonotis* Stev.

1. 萼片先端尖；花冠檐部直径约 1.5mm，仅稍超出花萼；生于荒地、路边 ……………………………………………………………… 附地莘 *T. peduncularis* (Trev.)Benth. ex Baker et Moore(图 140)

1. 萼片先端钝圆，花冠檐部直径内 3mm；生于山坡和草地 …………………………………………………………… 钝萼附地菜 *T. peduncularis* var. *amblyosepala* (Nakai et Kitag) W. T. Wang.

(4)勿忘草属 *Myosotis* L.

勿忘草 *M. alpestris* F. W. Schmidt.

78. 马鞭草科 Verbenaceae

1. 花由花序下面或外围向顶端开放，形成短缩近头状的无限花序 ………… (1)马缨丹属 *Lantana* L.

1. 花由花序顶端或中心向外围开放形成聚伞花序，或由聚伞花序再排成其他花序或有时为单花。

  2. 果实为干燥的蒴果，而中果皮多少肉质。

    3. 花辐射对称；雄蕊 4，近等长，常排成腋生的聚伞花序；单叶 …… (2)紫珠属 *Callicarpa* L.

    3. 花多少位两侧对称或偏斜；雄蕊 4，多少呈 2 强；掌状复叶 …………… (3)牡荆属 *Vitex* L.

  2. 果实为干燥开裂的蒴果；叶全缘或具齿；雄蕊明显地伸出花冠外…… (4) 莸属 *Caryopteris* Bge.

(1)马缨丹属 *Lantana* L.

马樱丹* *L. camara* L.

(2)紫珠属 *Callicarpa* L.

白棠子树(紫珠)* *C. dichotoma*(Lour.)K. Koch.(图 141)

(3)牡荆属 *Vitex* L.

荆条 *V. negundo* L. var. *heterophylla* (Franch.)Rehd.(彩图 182)

(4)莸属 *Caryopteris* Bge.

三花莸 *C. terniflora* Maxim.

79. 唇形科 Labiatae

1. 能育雄蕊 2，另两个雄蕊不育或完全退化。
   2. 花萼规则，具 5 齿；花长不足 1cm，腋生；花冠二唇形；子房 4 浅裂；叶 3~5 全裂 ………………………………………………………………………………(1)水棘针属 *Amethystea* L.
   2. 花萼二唇形；花顶生；花冠二唇形；子房 4 深裂；单叶或复叶 …………(2)鼠尾草属 *Salvia* L.
1. 能育雄蕊 4。
   3. 花萼二唇形，果时闭锁，上侧具半圆形耳状附属物，花冠的上唇通常弓状前曲，基部外侧往往膨大 ……………………………………………………………………………(3)黄芩属 *Scutellar* L.
   3. 花萼上侧无耳状附属物。
      4. 子房 4 浅裂，花柱不着生于子房基部；花序为由轮伞花序形成的顶生假穗状花序，稀单花腋生 ……………………………………………………………………………(4)筋骨草属 *Ajuga* L.
      4. 子房 4 深裂，花柱着生于子房基部。
         5. 花冠的下唇成船形，上唇极短；雄蕊的花丝分离；叶绿色 ……………………………………………………………………………(5)香茶菜属 *Isodon* (Schr.)Spch.
         5. 花冠的下唇不成船形。
            6. 花冠筒包于萼内；雄蕊和花柱包于花冠筒内；叶掌状 3 深裂 ……………………………………………………………………………(6)夏至草属 *Lagopsis* Bge.
            6. 花冠筒通常不包于萼内。
               7. 花药球形，药室平叉开，在顶端贯通为一体，当花药散出来后则平展开 ……………………………………………………………………………(7)香薷属 *Elsholtzia* Willd.
               7. 花药卵形，药室平叉开或平行；在药室顶端不贯通为一体，花粉散出后药室不平展。
                  8. 花冠显为二唇形，具极不相似的裂片，下唇盔状、镰刀状或弧状。
                     9. 草本，雄蕊通常伸出花冠外。
                        10. 后一对雄蕊比前一对雄蕊长。
                           11. 药室平行；花序顶生密穗状 …………………(8)藿香属 *Agastache* Clayt.
                           11. 药室叉开成直角；花腋生 ……………………(9)活血丹属 *Glechoma* L.
                        10. 后一对雄蕊比前一对雄蕊短。
                           12. 花柱裂片极不等长；萼管状钟形，具 5 齿或截形；花冠上唇两侧扁平呈盔状；雄蕊突出花冠筒很多，花丝具距状而平滑的附属物 ……………………………………………………………………………(10)糙苏属 *Phlomis* L.
                           12. 花柱裂片等长或近于等长。
                              13. 花腋生；小坚果多少成三角形，顶端平截；萼齿顶端刺状；叶有裂或缺刻 ……………………………………………………(11)益母草属 *Leonurus* L.
                              13. 花顶生成复穗状；小坚果倒卵形，顶端钝圆；花冠里面具毛状环；叶不裂 ……………………………………………………(12)水苏属 *Stachys* L.
                     9. 亚灌木；雄蕊内藏；叶披针形，全缘花序顶生，具长柄 ……………………

……………………………………………………………… (13)薰衣草属 *Lavandula* L.

8. 花冠近辐射对称，裂片近相似或略有分化，如有上唇则扁平或略穹窿。

14. 雄蕊上升于花冠的上唇之下；苞片线形，具长粗硬毛 ……………………………………………………………………………………………… (14)风轮菜属 *Clinopodium* L.

14. 雄蕊展开或直伸。

15. 萼二唇形，小坚果圆钝。

16. 矮小灌木或半灌木，平卧地面；叶小形，长约1cm；小坚果圆形；花冠唇形 ……………………………………………………… (15)百里香属 *Thymus* L.

16. 草本，高约1m；花冠为不明显的二唇形 …………… (16)紫苏属 *Perilla* L.

15. 萼裂或萼齿同形，同大；花腋生呈假轮状或顶生 …… (17)薄荷属 *Mentha* L.

(1)水棘针属 *Amethystea* L.

水棘针 *A. caerulea* L.(图142)

(2)鼠尾草属 *Salvia* L.

1. 花冠红色，长4~4.2cm；花萼具8脉，红色，外面无毛；栽培花卉 ………………………………………………………………………………………… 一串红* *S. splendens* Ker. -Gawl.

1. 花冠蓝紫色或蓝色。

2. 奇数羽状复叶，小叶通常3~5枚，背面具白色长柔毛；花紫色 ……………………………………………………………………………… 丹参 *S. miltiorrhiza* Bge.(图143)

2. 单叶。

3. 花冠紫褐色，上唇较长；叶三角形；生山地草坡 …………… 荫生鼠尾草 *S. umbratica* Hance

3. 花冠淡蓝紫色，长约4.5cm；花萼外具金黄色腺点；叶不呈三角形；生道旁、荒地……………………………………………………………………… 荔枝草 *S. plebeia* R. Br.(图144)

(3)黄芩属 *Scutellaria* L.

1. 顶生总状花序。

2. 茎生叶明显具柄，叶片为卵形或三角状卵形，叶缘具钝牙齿或缺刻状牙齿；花冠蓝紫色 ……………………………………………………………………… 京黄芩 *S. pekinensis* Maxim.(彩图183)

2. 茎生叶无柄；叶全缘，披针形至条状披针形；茎无毛或被短柔毛，但无腺毛；花冠蓝紫色 ……………………………………………………………………… 黄芩 *S. baicalensis* Gerorgi(彩图184)

1. 花序腋生；叶片三角状狭卵形、三角状卵形，边缘大多具浅锐牙齿；花冠长约2cm ……………………………………………………………………… 并头黄芩 *S. scordifolia* Fisch. ex Schrank.

(4)筋骨草属 *Ajuga* L.

1. 苞片较花长，常为黄白色、白色或绿紫色；花冠白色、白绿色或黄白色，具紫斑，筒匣漏斗状，长18~25mm；叶片为披针状长圆形；生于高山草地或石缝中 ………… 白苞筋骨草 *A. lupulina* Maxim.

1. 苞片较花短；花冠筒长16mm以下。

2. 花萼仅萼齿外面被疏柔毛，萼齿长三角形或狭三角形；花冠紫色，具蓝色条纹；叶片卵状椭圆形至狭椭圆形。生于草地、林下或山谷溪边 ………………………………… 筋骨草 *A. ciliata* Bge.

2. 花萼外面全部被毛。萼齿长三角形；花冠蓝紫色，外面有绵毛；叶卵形至长圆形，具柔毛；生于湿地 ……………………………………………………… 多花筋骨草 *A. multiflora* Bge.(彩图185)

(5)香茶菜属 *Isodon* (Schr.)Spach.

蓝萼香茶菜 *Z. japonicus* (N. Burman)H. Hara var. *glaucocalyx*(Max.)H. W. Li(彩图186)

(6)夏至草属 *Lagopsis* Bge.

夏至草 *L. supina*(Steph.)IK. -Gal.(彩图187)

(7)香薷属 *Elsholtzia* Willd.

1. 亚灌木；苞片披针形 ………………………………………… 木本香薷 *E. stauntoni* Benth.（彩图 188）

1. 一年生草本；苞片卵圆形 ………………………………… 香薷 *E. ciliata*(Thunb.)Hyland(图 145)

(8)藿香属 *Agastache* Clayt.

藿香 *A. rugosa* (Fisch. et C. A. Mey.) O. Ktze.(图 146)

(9)活血丹属 *Glechoma* L.

活血丹(连钱草) *G. longituba*(Nakai.)Kupr.(彩图 189)

(10)糙苏属 *Phlomis* L.

糙苏 *Ph. umbrosa* Turcz.（彩图 190）

(11)益母草属 *Leonurus* L.

1. 叶掌状分裂；花冠长 9~18mm。

  2. 最上部叶不分裂；花冠长 9~12mm；上下唇几相等 ……………………………………………………………………………………………… 益母草 *L. artemisia*(Lour.)S. Y. Hu(图 147)

  2. 最上部叶 3 全裂，裂片条形；花冠长 15~18mm，下唇比上唇短……… 细叶益母草 *L. sibiricus* L.

1. 叶 3~5 裂，叶缘具缺刻；花冠长 25~28mm，通常淡红色或淡红紫色……………………………………………………………………………………………… 大花益母草 *L. macranthus* Maxim.

(12)水苏属 *Stachys* L.

1. 植株密被白色长毛；茎沿棱上疏被小刚毛，上部较多，节上被刚毛；叶上面密被小刚毛 ……………………………………………………………………………… 毛水苏 *S. baicalensis* Fisch. ex Benth.

1. 植株无毛或沿棱上有倒生刺毛；叶上面疏被小刚毛 …… 水苏 *S. chinensis* Bge. ex Benth.（图 148）

(13)薰衣草属 *Lavandula* L.

羽叶薰衣草* *L. pinnat* L.

(14)风轮菜属 *Clinopodium* L.

风轮菜 *C. chinense* (Benth.) O. Ktze.（彩图 191）

(15)百里香属 *Thymus* L.

百里香 *Th. mongolicus* Ronn.（彩图 192）

(16)紫苏属 *Perilla* L.

紫苏* *P. frutescens*(L.)Britt.

(17)薄荷属 *Mentha* L.

薄荷 *M. canadensis* L.(图 149)

80. 茄科 Solanaceae

1. 雄蕊 5，全能育。

  2. 果实为浆果。

    3. 花药靠合，围绕着花柱。

      4. 花药顶孔开裂或仅裂一缝，花药顶端不延长成凸尖…………………… (1)茄属 *Solanum* L.

      4. 花药纵裂，花药顶端延长成一个凸尖 ……………………… (2)番茄属 *Lycopersicon* Mill.

    3. 花药分离。

      5. 花萼 5 浅裂，在结果时膨大成膀胱状，具棱，将果实包围 ………… (3)酸浆属 *Physalis* L.

      5. 花萼结果时不增大或增大不明显，不包围果实。

        6. 灌木，具刺；花紫色；浆果红色 …………………………………… (4) 枸杞属 *Lycium* L.

        6. 草本；花冠的直径 1cm，白色 …………………………………… (5)辣椒属 *Capsicum* L.

  2. 果实为蒴果。

7. 蒴果盖裂 ………………………………………………………………… (6)天仙子属 *Hyoscyamus* L.
7. 蒴果瓣裂。
8. 蒴果2瓣裂，果外不具刺 ………………………………………………… (7)烟草属 *Nicotiana* L.
8. 蒴果4瓣裂或不规则的裂，果外常具刺，稀无刺………………… (8) 曼陀罗属 *Datura* L.
1. 雄蕊5，4长1短，短雄蕊不育，着生在花冠的中部或基部 ………… (9)碧冬茄属 *Petunia* Juss.

(1)茄属 *Solanum* L.

1. 茎蔓生，匍匐，生于林下 ………………………………………… 野海茄 *S. japonense* Nakai.(图150)
1. 茎直立。
2. 羽状复叶，植物体具地下块茎；浆果，蓝色 ……………………………… 马铃薯* *S. tuberosum* L.
2. 单叶，植物体不具地下块茎。
3. 花白色；浆果，紫黑色，簇生；叶卵圆形；生路旁、荒地；野生 ……………………………… …………………………………………………………………… 龙葵 *S. nigrum* L.（彩图193）
3. 花紫色。
4. 叶羽状裂；聚伞花序，浆果的直径约8mm；植株被柔毛 ……………………………………… ……………………………………………………………… 青杞 *S. septemlobum* Bge.(图151)
4. 叶不成羽状裂；花单生，不成花序；浆果直径大于8mm；植株被星状毛 ………………… ……………………………………………………………………………… 茄* *S. melongena* L.

(2)番茄属 *Lycopersicon* Mill.

番茄* *L. esculentum* Mill.

(3)酸浆属 *Physalis* L.

1. 多年生草本；茎直立；花冠白色；花冠直径1.5~2cm；花药黄色；萼成熟时红色 ……………… ……………………………………… 挂金灯 *Ph. alkekengi* L. var. *francheti*(Mast.)Makino(图152)
1. 一年生草本；分枝横卧地上或稍斜升；花冠和花药均为黄色 …… 小酸浆 *Ph. minima* L.(图153)

(4)枸杞属 *Lycium* L.

枸杞 *L. chinense* Mill.（图154）

(5)辣椒属 *Capsicum* L.

辣椒* *C. annuum* L.

(6)天仙子属 *Hyoscyamus* L.

天仙子 *H. niger* L.（彩图194）

(7)烟草属 *Nicotiana* L.

烟草* *N. tabacum* L.

(8)曼陀罗属 *Datura* L.

曼陀罗 *D. stramonium* L.(彩图195)

(9)碧冬茄属 *Petunia* Juss.

碧冬茄* *P. hybrida* Vilm.

81. 玄参科 Scrophulariaceae

1. 乔木；花冠具长筒，二唇形，花萼草质，密被星状毛 ……… (1)泡桐属 *Paulownia* Sieb et Zucc.
1. 草本；偶为灌木；花萼草质或膜质；茎叶无星状毛。
2. 花冠基部成囊状或有长距；雄蕊4。
3. 花冠基部呈囊状 ………………………………………………… (2)金鱼草属 *Antirrhinum* L.
3. 花冠基部有长距 ………………………………………………… (3)柳穿鱼属 *Linaria* L.
2. 花冠基部不为囊状，也不伸长成距；能育雄蕊4枚或2枚。

4. 雄蕊4枚。

5. 花冠上唇多少呈盔状。

6. 子房每室具2胚珠；蒴果具1~4种子；花紫红色，花冠盔瓣压扁；叶对生，披针形，全缘 …………………………………………………………………（4）山萝花属 *Melampyrum* L.

6. 子房每室具多胚珠；蒴果种子多数。

7. 花萼常在前方深裂，具2~5齿；花冠上唇常延长成喙，边缘不外卷 …………………… ………………………………………………………………（5）马先蒿属 *Pedicularis* L.

7. 花萼均等5裂，花冠上唇边缘向外反卷 …（6）松蒿属 *Phtheirospermum* Bge. ex Fisch

5. 花冠上唇伸直或向后反卷，不成盔状。

8. 花冠筒膨大成壶状或几成球形，黄色或带紫色，上唇长于下唇；退化雄蕊着生于上方2花瓣裂片之间；聚伞圆锥花序 ……………………………………（7）玄参属 *Scrophularia* L.

8. 花冠呈成壶状或球形，上唇常短于下唇；退化雄蕊不生于上方2花冠裂片之间；顶生总状花序。

9. 花大，长2.5cm以上；花冠有毛，上下唇近等长 ……………………………………… ………………………………………（8）地黄属 *Rehmannia* Libosch. ex Fisch. et Mey.

9. 花较小，长不足1cm ……………………………………………（9）通泉草属 *Mazus* Lour.

4. 能育雄蕊2枚。

10. 萼4裂，如5裂，则后方1枚极小；花冠筒短；叶对生、互生，很少轮生 ……………… ………………………………………………………………………（10）婆婆纳属 *Veronica* L.

10. 萼5裂；花冠筒较长；4~6叶轮生 ………（11）腹水草属 *Veronicastrum* Heist. ex Farbic.

（1）泡桐属 *Paulownia* Sieb et Zucc.

毛泡桐* *P. tomentosa*(Thunb.)Steud.（图155）

(2)金鱼草属 *Antirrhinum* L.

金鱼草* *A. majus* L.

(3)柳穿鱼属 *Linaria* L.

柳穿鱼 *L. vulgaris* Mill. ssp. *sinensis*（Bebeaux）Hong

(4)山萝花属 *Melampyrum* L.

山萝花 *M. roseum* Maxim.（彩图196）

(5)马先蒿属 *Pedicularis* L.

1. 叶轮生；花冠紫红色。

2. 花冠的盔前端不伸长成喙，下唇长于盔2~2.6倍；叶羽状浅裂至中裂 ………………………… ……………………………………………………………………………穗花马先蒿 *P. spicata* Pall.

2. 花冠的盔前端伸长成2~3mm的喙，下唇略长于盔；叶羽状全裂……………………………… ……………………………………………………………………华北马先蒿 *P. tatarinowii* Maxim.

1. 叶互生。

3. 花黄色。

4. 花冠管和盔部近等长，长2~2.5cm，具绛红色脉纹，无喙；萼齿卵状三角形，近全缘 …… ………………………………………………………………红纹马先蒿 *P. striata* Pall.（彩图197）

4. 花冠管极长，长4.5~5cm，具长喙，喙长9~10mm；萼齿两枚，上端叶状 …………………… …………………………………………………………………………中国马先蒿 *P. chinensis* Maxim.

3. 花冠淡紫红色；叶卵形至长圆状披针形，边缘有钝圆的重齿 …………………………………… ………………………………………………………………返顾马先蒿 *P. resupinata* L.（图156）

(6)松蒿属 *Phtheirospermum* Bge.

松蒿 *Ph. japonicum*(Thunb.) Kanitz. (图 157)

(7)玄参属 *Scrophularia* L.

1. 茎、叶、总花梗无腺毛或微有毛；支根纺锤形；花冠黄绿色；退化雄蕊倒卵状圆形 ………………………………………………………………………… 北玄参 *S. buergeriana* Miq. (图 158)

1. 茎、叶、总花梗被腺毛；支根不为纺锤形；花冠黄色；退化雄蕊几不见 ……………………………………………………………………………………………… 华北玄参 *S. moellendorffii* Maxim.

(8)地黄属 *Rehmannia* Libosch. ex Fisch. et Mey.

地黄 *R. glutinosa*(Gaert.) Libosch. ex Fisch. et Mey. (彩图 198)

(9)通泉草属 *Mazus* Lour.

1. 子房和果被长硬毛；萼裂片披针形，10 条脉纹明显；茎、叶上具细长柔毛 …………………………………………………………………… 弹刀子菜 *M. stachydifolius*(Trucz.) Maxim. (图 159)

1. 子房和果无毛；萼裂片卵形，端急尖，脉不明显；茎、叶无毛或具极细短柔毛 ……………………………………………………………………… 通泉草 *M. pumilus*(N. Burman) Steenis(图 160)

(10)婆婆纳属 *Veronica* L.

1. 多年生草本；花密集成顶生的穗形总状花序；叶条形至条状长椭圆形，边缘有疏锯齿，全部互生或下部的对生 ……………………………………… 细叶婆婆纳 *V. linariifolia* Pall. ex Link. (图 161)

1. 一年生草本；花单生于苞片的腋部；叶卵圆形 ………………………………… 婆婆纳 *V. polita* Fries

(11)腹水草属 *Veronicastrum* Heist. ex Farbic.

草本威灵仙 *V. sibiricum* (L.) Pennell(彩图 199)

82. 紫葳科 Bignoniaecae

1. 草本；叶为互生。有时基部的叶为对生 ………………………………… (1)角蒿属 *Incarvillea* Juss.

1. 木本；叶为对生，稀为轮生。

  2. 木质藤本，借气生根攀援 ……………………………………………………… (2)凌霄花属 *Campsis* Lour.

  2. 乔木；单叶对生，稀为轮生；种子两端具白色长毛 ……………………………… (3)梓属 *Catalpa* Scop.

(1)角蒿属 *Incarvillea* Juss.

角蒿 *I. sinensis* Lam. (彩图 200)

(2) 凌霄花属 *Campsis* Lour.

凌霄* *C. grandiflora*(Thunb.) Schum. (图 162)

(3)梓属 *Catalpa* Scop.

黄金树* *C. speciosa*(Warder ex Barney) Engelmann(图 163)

83. 胡麻科 Pedaliaceae

1. 陆生草本；雄蕊 4 枚；子房上位 ………………………………………………… (1)脂麻属 *Sesamum* L.

1. 水生草本；发育雄蕊 2 枚；子房下位 ……………………………………………… (2)茶菱属 *Trapella* Oliv.

(1)脂麻属 *Sesamum* L.

脂麻* *S. indicum* L.

(2)茶菱属 *Trapella* Oliv.

茶菱 *T. sinensis* Oliv.

84. 列当科 Orobanchaceae

列当属 *Orobanche* L.

1. 花冠淡紫色或蓝色，长 13～15(20) mm；花药光滑 ………………………… 列当 *O. coerulescens* Steph.

1. 花冠淡黄色，长 17～20mm，花药顶端两侧有长柔毛 ……………………………………………………………… 黄花列当 *O. pycnostachya* Hance(彩图 201)

85. 苦苣苔科 Gesneriaceae

1. 能育雄蕊 2。
   2. 花冠筒部较裂片长；蒴果成熟时螺旋状卷曲；野生植物 …（1）牛耳草属 *Boea* Comm. ex Lam.
   2. 花冠筒部较裂片短；蒴果成熟不呈螺旋状卷曲……………（2）非洲紫罗兰属 *Saintpaulia* Wendl.
1. 发育雄蕊 4；蒴果成熟时 2 瓣裂，不卷曲…………………………（3）珊瑚苣苔属 *Corallodiscus* Bat.

(1)牛耳草属 *Boea* Comm. ex Lam.

牛耳草 *B. hygrometrica*(Bge.)R. Br.（彩图 202）

(2)非洲紫罗兰属 *Saintpaulia* Wendl.

非洲紫罗兰* *S. ionantha* Wendl.

(3)珊瑚苣苔属 *Corallodiscus* Bat.

珊瑚苣苔 *C. lanuginosus*(Wallich) B. L. Burtt.

86. 狸藻科 Lentibulariaceae

狸藻属 *Utricularia* L.

狸藻 *U. vulgaris* L.

87. 透骨草科 Phrymaceae

透骨草属 *Phryma* L.

透骨草 *Ph. leptostachya* L. ssp. *asiatica*（H. Hara）Kitamura

88. 车前科 Plantaginaceae

车前属 *Plantago* L.

1. 通常无主根，须根发达。
   2. 花具短梗，种子 4～9，长 1.5～2mm ……………………………… 车前 *P. asiatca* L.（图 164）
   2. 花无梗，种子 10～16(20)，长约 0.8～1.2(1.5)mm ………………………… 大车前 *P. major* L.
1. 主根明显，直根系；果实内常具 4 粒种子 ……………………… 平车前 *P. depressa* Willd.（图 165）

89. 茜草科 Rubiaceae

1. 草本。
   2. 叶具柄；花 5 数；果肉质 ……………………………………………………（1）茜草属 *Rubia* L.
   2. 叶无柄；花 4 数；果通常干质 …………………………………………（2）拉拉藤属 *Galium* L.
1. 落叶灌木 ……………………………………………………………（3）野丁香属 *Leptodermis* Wall.

(1) 茜草属 *Rubia* L.

茜草 *R. cordifolia* L.（图 166）

(2)拉拉藤属 *Galium* L.

1. 茎和叶背中脉、叶缘具倒钩刺；6～10 叶轮生；花呈圆锥花序，较稀疏，黄绿色；果实具钩刺… ……………………………………………………………… 拉拉藤 *G. aparine* L.（图 167）
1. 茎和叶背中脉皆无刺毛。
   2. 果实具钩刺或软钩毛；4 叶轮生。
      3. 叶具 3～5 脉；卵圆形或披针形；果实具软钩毛 …………………… 北方拉拉藤 *G. boreale* L.
      3. 叶具 1 脉。
         4. 叶具柄，2 片较大，卵形或宽卵形；果实具长钩刺 ……… 林猪殃殃 *G. paradoxum* Maxim.
         4. 叶无柄，叶较小，椭圆形或长披针形；果实具短钩毛 … 四叶葎 *G. bungei* Steud.（图 168）

2. 果实无刺毛；4~10 叶轮生，叶狭线形。
5. 花白色；4 叶轮生，通常比节间长 ………………………… 线叶拉拉藤 *G. linearifolium* Turcz.
5. 花淡黄色；6~10 叶轮生；茎基部常木质化…………………… 蓬子菜 *G. verum* L.（彩图 203）

(3) 野丁香属 *Leptodermis* Wall.

薄皮木 *L. oblonga* Bge.（彩图 204）

90. 忍冬科 Caprifoliaceae

1. 果 2 个合生；外被刺状刚毛 ……………………………………………… (1) 蝟实属 *Kolkwitzia* Graebn.
1. 果外无刺状刚毛。
2. 花辐射对称，近辐射对称，花柱短。
3. 羽状复叶；核果状浆果，含 3~5 粒种子 ………………………… (2) 接骨木属 *Sambucus* L.
3. 单叶，有时羽裂；核果，具单种子 …………………………………… (3) 荚蒾属 *Viburnum* L.
2. 花冠管状、钟状，近两侧对称，花柱伸长。
4. 雄蕊 4；子房 1 室，只有 1 个胚珠发育 …………………………… (4) 六道木属 *Abelia* R. Br.
4. 雄蕊 5；子房 2~3 室，具 2 至多数胚珠。
5. 果为开裂的蒴果；花 1~6 多成腋生的聚伞花序 ……………… (5) 锦带花属 *Weigela* Thunb.
5. 浆果；花成对，腋生或轮生 ………………………………………………… (6) 忍冬属 *Lonicera* L.

(1) 蝟实属 *Kolkwitzia* Graebn.

蝟实* *K. amabilis* Graebn.

(2) 接骨木属 *Sambucus* L.

接骨木 *S. williamsii* Hance（彩图 205）

(3) 荚蒾属 *Viburnum* L.

1. 叶不裂，常为羽状脉；花序无不育花；花冠圆筒状，筒部长于裂片，淡黄色；核果椭圆形，先红后黑…………………………………………………………… 蒙古荚蒾 *V. mongolicum*（Pall.）Rehd.
1. 叶掌状 3 裂，稀为不裂，掌状脉 3~5 出；花序具不育花，花冠辐状，乳白色；核果近球形，红色 ……………………………………………………………… 鸡树条荚蒾 *V. sargentii* Koehne（图 169）

(4) 六道木属 *Abelia* R. Br.

六道木 *A. biflora* Turcz.（彩图 206）

(5) 锦带花属 *Weigela* Thunb.

锦带花 *W. florida*（Bge.）A. DC.（图 170）

(6) 忍冬属 *Lonicera* L.

1. 木质藤本；浆果黑色 ……………………………………………………… 金银花* *L. japonica* Thunb.
1. 直立灌木；浆果红色。
2. 枝具白色实髓。
3. 花冠 5 裂，整齐或近整齐，白色或带粉红色；苞片狭小，卵状披针形，长 6~7mm，具腺毛；果长 7mm，熟时光滑；早春开花 ……………………………… 北京忍冬 *L. elisae* Franch.
3. 花冠 2 唇形，黄白色，长约 1cm，筒部与裂片等长；叶狭倒卵形，长 1~2.5cm ……………………………………………………………………………… 小叶忍冬 *L. microphylla* Willd.
2. 枝中空。
4. 花的总柄长于叶柄；叶菱状卵形或菱状披针形；花黄色 ……………………………………………………………… 金花忍冬 *L. chrysantha* Turcz.（彩图 207）
4. 花的总柄短于叶柄；叶卵状椭圆形至卵状披针形；花先为白色后变黄色 ………………………………………………………… 金银忍冬 *L. maackii*（Rupr.）Maxim.（图 171）

91. 败酱科 Valerianaceae

1. 雄蕊 3；瘦果有翅状苞片或无，顶端有冠毛……………………………… (1)缬草属 *Valeriana* L.
1. 雄蕊 4；瘦果无翅状苞片，顶端无冠毛 ……………………………… (2)败酱属 *Patrina* Juss.

(1)缬草属 *Valeriana* L.

缬草 *V. officinalis* L.（彩图 208）

(2)败酱属 *Patrinia* Juss.

1. 果无翅状苞片，仅由不育的 2 室扁展成窄边；植物体高达 60~120cm ……………………………… 败酱 *P. scabiosaefolia* Fisch. ex Trev.（图 172）
1. 果具翅状苞片；植物体常不超过 1m。
  2. 叶羽状深裂，裂片窄，条形或披针形 …………………… 糙叶败酱 *P. scabra* Bunge（彩图 209）
  2. 叶 3~7 琴状羽裂，茎上、下部叶常浅裂或不裂，变异较大 …… 异叶败酱 *P. heterophylla* Bge.

92. 川续断科 Dipsacaceae

1. 茎和叶均具刺毛；小总苞无冠檐……………………………………… (1)川续断属 *Dipsacus* L.
1. 茎和叶无刺毛；小总苞具冠檐 ……………………………………… (2)蓝盆花属 *Scabiosa* L.

(1)川续断属 *Dipsacus* L.

川续断 *D. japonicus* Miq.

(2) 蓝盆花属 *Scabiosa* L.

蓝盆花 *S. comosa* Fischer.（彩图 210）

93. 葫芦科 Cucurbitaceae

1. 花冠白色，裂片流苏状（丝状裂），雌雄同株或异株…………………… (1)栝楼属 *Trichosanthes* L.
1. 花冠裂片全缘，不为流苏状。
  2. 果实开裂，药室卵形而通直。
    3. 果实由顶端盖裂，种子有长翅；雌雄异株；叶轮廓近圆形或宽卵形，叶片基部裂片顶端有1~2 对突出的腺体；地下部分具肉质肥厚鳞茎 ……………… (2)假贝母属 *Bolbostemma* Franquet
    3. 果实由室顶 3 瓣裂达基部；叶 3~7 角或浅裂 ………………… (3)裂瓜属 *Schizopepon* Maxim.
  2. 果实不开裂，瓠果或浆果状（苦瓜属有时 3 瓣裂）。
    4. 野生草本；雄蕊 5，花药直立；果红色……………………………… (4)赤瓟属 *Thladiantha* Bge.
    4. 栽培植物；雄蕊 3，花药弯曲。
      5. 花钟形，裂片裂至中部 ……………………………………………… (5)南瓜属 *Cucurbita* L.
      5. 花辐形，5 深裂或花瓣完全分离。
        6. 花白色，雄花萼筒伸长；花药常结合成头状；叶片基部有 2 个明显腺体 ……………………………………………………………… (6)葫芦属 *Lagenaria* Ser.
        6. 花黄色，雄蕊萼筒短，花药不常结合。
          7. 雄花花梗上具显著的盾状苞片；果实表面有明显的瘤状突起，成熟时有时 3 瓣裂；种植具肉质红色假种皮 ……………………………………… (7)苦瓜属 *Momordica* L.
          7. 雄花花梗上无盾状苞片。
            8. 卷须不分枝 ……………………………………………… (8)黄瓜属 *Cucumis* L.
            8. 卷须分枝。
              9. 雄花成总状花序；果细长，柱状 ………………………… (9)丝瓜属 *Luffa* Mill.
              9. 雄花单生；果大，长椭圆形。
                10. 萼裂片叶状，有反折锯齿 ……………………… (10)冬瓜属 *Benincasa* Savi.
                10. 萼片小，全缘，直立；叶羽状深裂 …………… (11)西瓜属 *Citrullus* Schrad.

(1)栝楼属 *Trichosanthes* L.

蛇瓜* *T. anguina* L.

(2)假贝母属 *Bolbostemma* Franquet

假贝母 *B. paniculatum*（Maxim.）Franguet

(3)裂瓜属 *Schizopepon* Maxim.

裂瓜* *S. bryoniaefolius* Maxim.

(4)赤瓟属 *Thladiantha* Bge.

赤瓟 *Th. dubia* Bge.

(5)南瓜属 *Cucurbita* L.

1. 叶片浅裂或不裂，具软毛；果柄上有浅棱沟或无棱沟。
   2. 叶浅裂；花萼裂片先端扩大成叶状；果柄有棱与果实接触处扩大成喇叭状；果有纵沟，光滑或有疣状突起 ………………………………… 南瓜* *C. moschata*（Duch. ex Lam.）Duch. ex Poiret.
   2. 叶无裂，仅具缺刻；花萼裂片细长；果柄无棱，与果实接触处不扩大，果实表面光滑 ……… ……………………………………………………………………… 笋瓜* *C. maxima* Duch. ex Lam.
1. 叶 3~7 中裂或深裂，具糙毛；果柄上有深棱沟，与果实接触处渐粗并膨大成 5 裂状 …………… …………………………………………………………………………………… 西葫芦* *C. pepo* L.

(6)葫芦属 *Lagenaria* Ser.

葫芦* *L. siceraria*(Molina)Standl.

(7)苦瓜属 *Momordica* L.

苦瓜* *M. charantia* L.

(8)黄瓜属 *Cucumis* L.

1. 花冠裂片锐尖头；子房有刺状突起，果常刺或疣状突起；叶裂片锐尖 ……… 黄瓜* *C. sativus* L.
1. 花冠裂片钝；子房有毛，无刺状突起；果平滑，无疣状突起；叶裂片钝圆……… 甜瓜* *C. melo* L.

(9) 丝瓜属 *Luffa* Mill.

丝瓜* *L. aegyptiaca* Miller.

(10)冬瓜属 *Benincasa* Savi.

冬瓜* *B. hispida*（Thunb.）Cogn.

(11)西瓜属 *Citrullus* Schrad.

西瓜* *C. lanatus*（Thunb.）Matsum et Nakai

94. 桔梗科 Campanulaceae

1. 蒴果在顶端整齐地瓣裂。
   2. 直立草本；叶缘具锯齿；柱头裂片常呈线性 ………………………… (1)桔梗属 *Platycodon* DC.
   2. 缠绕草本；叶全缘；柱头裂片为卵形或长圆形……………………… (2)党参属 *Codonopsis* Wall.
1. 蒴果于侧面开裂。
   3. 根细长；具基生叶；花柱基部无圆筒状花盘………………………… (3)风铃草属 *Campanula* L.
   3. 根肥大肉质；无基生叶；花柱基部具圆筒状花盘 ………………… (4)沙参属 *Adenophora* Fisch.

(1)桔梗属 *Platycodon* DC.

桔梗 *P. grandiflorus*（Jacq.）DC.（图 173）

(2)党参属 *Codonopsis* Wall.

1. 叶 3~4 枚簇生于短侧枝末端呈假轮生状，叶片无毛 ……………………………………………… ………………………………………………………… 羊乳 *C. lanceolata*（Sieb. et Zucc.）Trautv.（图 174）
1. 叶互生或对生，叶片具毛 …………………………… 党参 *C. pilosula*（Franch.）Nannf.（彩图 211）

(3)风铃草属 *Campanula* L.

紫斑风铃草 *C. punctata* Lam.（彩图 212）

(4)沙参属 *Adenophora* Fisch.

1. 叶轮生或一部分叶互生；花枝均为互生或仅最下方者轮生；花冠漏斗状钟形 ……………………………………………………………… 展枝沙参 *A. divaricata* Franch. et Sav.（图 175）

1. 叶全为互生。

　2. 叶有柄；叶片卵状披针形、广卵形或心脏形 ………………… 荠苨 *A. trachelioides* Max.（图 176）

　2. 叶无柄；茎生叶卵形至披针形，边缘疏生锐锯齿 …………… 石沙参 *A. polyantha* Nakai（图 177）

95. 菊科 Compositae

1. 头状花序具管状花或兼有舌状花；植物体不具乳汁 ……………… 管状花亚科 *Carduoideae* Kitam.

1. 头状花序全为舌状花；植物体具乳汁 …………………………… 舌状花亚科 *Cichorioideae* Kitam.

管状花亚科 *Carduoideae* Kitam.

1. 头状花序全为管状花。

　2. 叶对生。

　　3. 冠毛毛状；头状花序仅具 5 朵小花 ……………………………… (1)泽兰属 *Eupatorium* L.

　　3. 冠毛鳞片状；头状花序具多朵小花 ……………………………… (2)胜红蓟属 *Ageratum* L.

　2. 叶互生或基生。

　　4. 花序由单性花组成。

　　　5. 小灌木；雌雄异株；冠毛毛状；叶具 3 脉 ………………… (3)蚂蚱腿子属 *Myripnois* Bge.

　　　5. 草本，一年生；雌雄花序同株，无冠毛；雌花无花冠。

　　　　6. 雄头状花序的总苞片 1 层，分离；雌头状花序总苞片合生，有多数钩刺 ……………………………………………………………………… (4)苍耳属 *Xanthium* L.

　　　　6. 雄头状花序的总苞片合生；雌头状花序总苞片合生，有 1 列钩刺 ……………………………………………………………………… (5)豚草属 *Ambrosia* L.

　　4. 花序两性花组成；通常具冠毛。

　　　7. 总苞片 1~2 层，等长。

　　　　8. 基生叶的叶片幼时呈伞状下垂，小花带红色 …………… (6)兔儿伞属 *Syneilesis* Maxim.

　　　　8. 基生叶的叶片不呈伞状下垂，小花黄色 ………………………… (7)千里光属 *Senecio* L.

　　　7. 总苞片多层，外层短，向内渐长。

　　　　9. 叶缘和总苞具刺。

　　　　　10. 叶片沿茎下延成窄或宽的翅；叶背面绿色；头状花序 1.5~2.5cm …………………………………………………………………… (8)飞廉属 *Carduus* L.

　　　　　10. 叶片不沿茎下延成翅。

　　　　　　11. 复头状花序成球形；花冠蓝色，每一管状花围以一小总苞 ………………………………………………………………… (9)蓝刺头属 *Echinops* L.

　　　　　　11. 不成球形复头状花序。

　　　　　　　12. 叶缘无刺；总苞具钩刺，冠毛多而短，高大草本 ……… (10)牛蒡属 *Arctium* L.

　　　　　　　12. 叶缘有刺；总苞也有刺，但无倒刺钩。

　　　　　　　　13. 冠毛羽毛状。

　　　　　　　　　14. 瘦果有毛；头状花序基部有叶状苞叶包围 …… (11)苍术属 *Atractylodes* DC.

　　　　　　　　　14. 瘦果无毛；头状花序基部无叶状苞叶 ……………… (12)蓟属 *Cirsium* Mill.

13. 无冠毛；花橘红色，头状花序基部有叶状苞叶包围 ………………………………………………………………………………………… (13)红花属 *Carthamus* L.

9. 叶缘和总苞不具刺。

15. 总苞片干膜质，或边缘膜质。

16. 头状花序小，直径不超6mm；常下垂；总苞片边缘干膜质 … (14)蒿属 *Artemisia* L.

16. 头状花序大；总苞片全为干膜质。

17. 总苞片宿存，具彩色；两性花大多能结实 ……… (15)蜡菊属 *Helichrysum* Mill.

17. 总苞片宿存，白色；两性花不结实。

18. 头状花序密集成团，基部具数苞叶 ……… (16)火绒草属 *Leontopodium* R. Br.

18. 头状花序集成伞房状，基部无苞叶…………………… (17)香青属 *Anaphalis* DC.

15. 总苞片不为干膜质，通常草质。

19. 瘦果无冠毛；花小，白色 …………………… (18)和尚菜属 *Adenocaulpn* Hook.

19. 瘦果具冠毛。

20. 叶基生；花冠二唇形 …………………………… (19)大丁草属 *Leibnitzia* Cass.

20. 具茎生叶和基生叶；花冠管状。

21. 花序一般顶生单一；总苞片副器大，宿存；果具4条棱 ……………………………………………………………………………… (20)祁州漏芦属 *Rhaponticum* Ludw.

21. 花序一般多个。

22. 瘦果有歪斜的基底着生面 ……………………………… (21)麻花头属 *Klasea* Cass.

22. 瘦果有平正的基底着生面。

23. 瘦果有15条棱…………………………………… (22)泥胡菜属 *Hemistepta* Bge.

23. 瘦果有4条棱………………………………………… (23)风毛菊属 *Saussurea* DC.

1. 头状花序有管状花和兼有舌状花。

24. 冠毛存在，正常。

25. 花全为黄色。

26. 总苞片1层。

27. 叶柄基部无扩展的叶鞘 ………………………………………… (7)千里光属 *Senecio* L.

27. 叶柄基部下延成叶鞘 …………………………………………… (24)橐吾属 *Ligularia* Cass.

26. 总苞片多层。

28. 头状花序排列成穗状、总状或圆锥状 ……………………… (25)一枝黄花属 *Solidago* L.

28. 头状花序聚伞状，单花序直径1.5cm左右 ……………………… (26)旋覆花属 *Inula* L.

25. 舌状花不是黄色；舌状花和管状花通常不同色。

29. 总苞片外层叶状 ……………………………………………… (27)翠菊属 *Callistephus* Cass.

29. 总苞片外层不为叶状。

30. 舌状花至少2轮，总苞与舌状花等长 ………………………… (28)飞蓬属 *Erigeron* L.

30. 舌状花1层；总苞较宽。

31. 总苞1层；栽培花卉 ………………………………… (29)瓜叶菊属 *Pericallis* D. Don.

31. 总苞多层。

32. 舌状花白色。

33. 叶心形；瘦果无毛或近无毛 ………………… (30)东风菜属 *Doellingeria* Ness.

33. 叶线状披针形；瘦果有毛 …………………… (31)女菀属 *Turczaninowia* DC.

32. 舌状花蓝色、蓝紫色。

34. 管状花 5 裂片中有 1 片较长 …………………（32）狗娃花属 *Heteropappus* Less.
34. 管状花 5 裂片等长 ……………………………………………（33）紫菀属 *Aster* L.
24. 冠毛不存在或变态。
35. 叶对生。
36. 叶及总苞具透明的油腺点；总苞 1 层；栽培草花 ………………（34）万寿菊属 *Tegetes* L.
36. 不具油腺；总苞 2 层以上。
37. 冠毛 2～4，成刺芒状，具倒刺 ………………………………（35）鬼针草属 *Bidens* L.
37. 冠毛不为刺芒状或缺。
38. 舌状花宿存于果上 ……………………………………………（36）百日菊属 *Zinnia* L.
38. 舌状花不宿存于果上。
39. 外轮总苞片具棒状腺毛 ………………………………（37）豨莶属 *Siegesbeckia* L.
39. 外轮总苞片不具棒状腺毛。
40. 舌状花白色。
41. 舌状花 2 轮；无冠毛 ………………………………………（38）鳢肠属 *Eclipta* L.
41. 舌状花 1 轮，5 片；冠毛鳞片状 ………（39）牛膝菊属 *Galinsoga* Ruiz. et Cav.
40. 舌状花其他颜色。
42. 具块根；舌状花多 …………………………………（40）大丽菊属 *Dahlia* Cav.
42. 不具块根；舌状花通常 8 …………………………（41）金鸡菊属 *Coreopsis* L.
35. 叶互生，或仅下部叶对生，有时仅具基生叶。
43. 总苞片全部或边缘干膜质。
44. 花托具托片；叶篦齿状裂 ……………………………………………（42）蓍草属 *Achillea* L.
44. 花托无托片。
45. 瘦果有翅肋 ……………………………………………………（43）茼蒿属 *Glebionis* Cass.
45. 瘦果无翅肋，无冠状冠毛 …………………（44）菊属 *Dendranthema*（DC.）Des Moul.
43. 总苞片边缘不为干膜质。
46. 头状花序单生于无叶花葶上；叶基生；栽培花卉………………（45）雏菊属 *Bellis* L.
46. 头状花序生具叶茎上；叶茎生。
47. 舌状花 1 轮，淡蓝色；冠毛极短，长不足 1mm ………（46）马兰属 *Kalimeris* Cass.
47. 舌状花多为黄色、橘黄色。
48. 花托具托片。
49. 花托平或稍凸起；冠毛有凋落的芒 …………（47）向日葵属 *Helianthus* L.
49. 花托圆锥状；托片长于管状花，具硬尖 ……………………………………………
……………………………………………（48）松果菊属 *Echinacea* Moench.
48. 花托无托片，有时稍有毛。
50. 无冠毛；瘦果月弯状 …………………………（49）金盏花属 *Calendula* L.
50. 冠毛为 5～10 个芒状鳞片；瘦果直 ………（50）天人菊属 *Gaillardia* Foug.

舌状花亚科 *Cichorioideae* Kitam.

1. 冠毛羽毛状。
2. 花托具托毛；花黄色；叶基多抱茎 ……………………………………（51）猫儿菊属 *Hypochaeris* L.
2. 花托无托毛。
3. 冠毛多层；瘦果无横皱缩；植物体无毛………………………………（52）鸦葱属 *Scorzonera* L.
3. 冠毛 1 层；瘦果有横皱缩；植物体有钩状分叉的硬毛 ………………（53）毛连菜属 *Picris* L.

1. 冠毛毛状，不为羽毛状。
   4. 叶基生；总苞片多层；头状花序单生花葶上；瘦果具长喙 ……………………………………………………………………………………………………… (54)蒲公英属 *Taraxacum* Weber.
   4. 具茎生叶；头状花序不单生。
      5. 头状花序有 80 个以上的小花；冠毛有极细的柔毛杂以较粗的直毛；瘦果极扁；无喙 ……………………………………………………………………………………… (55)苦苣菜属 *Sonchus* L.
      5. 头状花序有较少的小花；冠毛有较粗的直毛或糙毛。
         6. 瘦果极扁 ……………………………………………………………… (56)莴苣属 *Lactuca* L.
         6. 瘦果近圆柱形或微扁。
            7. 瘦果顶端截形呈盘状；花淡紫色 ………………………… (57)盘果菊属 *Prenanthes* L.
            7. 瘦果顶端狭窄，有喙；花黄色。
               8. 瘦果圆柱形或纺锤形，有 10～20 条纵肋 …………………… (58)还阳参属 *Crepis* L.
               8. 瘦果纺锤形或披针形，有 10 条纵肋 …………………… (59)苦荬菜属 *Ixeris* Cass.

(1)泽兰属 *Eupatorium* L.

林泽兰 *E. lindleyanum* DC.(彩图 213)

(2)胜红蓟属 *Ageratum* L.

藿香蓟* *A. conyzoides* L.

(3)蚂蚱腿子属 *Myripnois* Bge.

蚂蚱腿子 *M. dioica* Bge.

(4)苍耳属 *Xanthium* L.

苍耳 *X. sibiricum* Patrin(图 178)

(5)豚草属 *Ambrosia* L.

1. 雄头状花序的总苞无肋；茎下部叶常为二回羽状深裂，上部叶羽状分裂 ……………………………………………………………………………………………… 豚草 *A. artemisiifolia* L.
1. 雄头状花序的总苞有 3 肋；下部叶 3～5 裂，上部叶 3 裂；稀不裂仅具锯齿缘 ……………………………………………………………………………………………… 三裂豚草 *A. trifida* L.

(6)兔儿伞属 *Syneilesis* Max.

兔儿伞 *S. aconitifolia*(Bunge)Max.(图 179)

(7)千里光属 *Senecio* L.

1. 叶不分裂，边缘有不整齐的牙齿；瘦果有毛 …………………… 狗舌草 *S. kirilowii* Turcz.(图 180)
1. 叶羽状分裂。
   2. 花序无舌状花 ……………………………………………………… 欧洲千里光 *S. vulgaris* L.
   2. 花序有明显黄色的舌状花 ……………………………………… 羽叶千里光 *S. argunenaia* Turez.

(8)飞廉属 *Carduus* L.

飞廉 *C. crispus* L.(彩图 214)

(9)蓝刺头属 *Echinops* L.

华北蓝刺头 *E. davuricus* Fisch.(图 181)

(10)牛蒡属 *Arctium* L.

牛蒡 *A. lappa* L.(彩图 215)

(11)苍术属 *Atractylodes* DC.

苍术 *A. lancea*(Thunb.)DC.(彩图 216)

(12)蓟属 *Cirsium* Adans.

1. 管状花的下筒部比冠檐长 2~5 倍。
   2. 头状花序下垂；叶为羽状深裂 …………………………………… 烟管蓟 *C. pendulum* Fisch.
   2. 头状花序直立，叶全缘 ……………………………………………………………………………………
   …………………… 刺儿菜 *C. arvense* (L.) Scopoli var. *integrifolium* Wimmer et Grabowski(图 182)
1. 管状花下筒部短；与冠檐近等长或长出 1/3 至 1/2；叶全缘 ……… 绒背蓟 *C. vlassovianum* Fisch.

(13)红花属 *Carthamus* L.

红花* *C. tinctorius* L.

(14)蒿属 *Artemisia* L.

1. 花托无托毛。
   2. 花序中花全能结实。
      3. 二年生草本，三回羽状分裂，最终裂片线形 …………………… 黄花蒿 *A. annua* L. (图 183)
      3. 多年生草本。
         4. 茎生叶不分裂，全缘或稍有齿牙 ……………………………… 柳叶蒿 *A. integrifolia* L.
         4. 茎生叶羽状分裂或三裂。
            5. 叶羽轴有栉齿状小裂片。
               6. 叶表面暗绿色无毛；叶长 5~14cm ………………… 白莲蒿 *A. gmelinii* Web. (图 184)
               6. 叶表面具不同程度的绒毛；叶长 1.5~5cm ……………………… 毛莲蒿 *A. vestita* Wall.
            5. 叶羽轴无栉齿状小裂片。
               7. 叶边缘有锐锯齿；茎无毛 ………………………… 水蒿 *A. selengensis* Turcz. ex Bess.
               7. 叶边缘无锐齿，茎常有毛。
                  8. 叶表面无白色腺点。
                     9. 头状花序直径 1mm；茎中部叶裂片宽度不超过 2mm ……………………………
                     ……………………………………………………… 矮蒿 *A. lancea* Vant. (图 185)
                     9. 头状花序直径 1.5mm；茎中部裂片宽约 2mm 以上 ……………………………
                     …………………………………………………… 红足蒿 *A. rubripes* Nakai(图 186)
                  8. 叶表面有白色小腺点。
                     10. 茎中、下部叶羽状深裂，裂片椭圆形，边缘有锯齿 ……………………………
                     ………………………………………………… 艾蒿 *A. argyi* Lèvl. et Vant. (图 187)
                     10. 茎中、下部叶羽状深裂至二回羽状深裂，裂片线状披针形，常全缘 ……………
                     ……………………………………… 野艾蒿 *A. lavandulifolia* Candolle. (图 188)
   2. 花序仅边缘小花结实，中心小花不结实。
      11. 一年生或二年生草本，叶 2~3 回羽状分裂，叶裂片线形或线状披针形……………………
      …………………………………………………………… 猪毛蒿 *A. scoparia* Waldst et Kirt.
      11. 多年生草本。
         12. 叶长圆状倒楔形，通常于上方具不规则缺刻状齿牙 …… 牡蒿 *A. japonica* Thunb. (图 189)
         12. 茎生叶裂片毛发状；头状花序常向一侧俯垂 ……………………… 茵陈蒿 *A. capillaris* Thunb.
1. 花托有托毛，小花全部结实 …………………………………………… 大籽蒿 *A. sieversinna* Willb.

(15)蜡菊属 *Helichrysum* Mill.

麦秆菊* *H. bractaetum* (Vent.) Andr.

(16)火绒草属 *Leontopodium* R. Br.

火绒草(薄雪草) *L. leontopodides* Beauv. (彩图 217)

(17)香青属 *Anaphalis* DC.

香青 *A. hancockii* Maxim.（图 190）

（18）和尚菜属 *Adenocaulon* Hook

和尚菜 *A. himalaicum* Edgew.

（19）大丁草属 *Leibnitzia* Cass.

大丁草 *L. anadria*（L.）Turcz.（图 191）

（20）祁州漏芦属 *Rhaponticum* Hill.

漏芦 *R. uniflorum* DC.（图 192）

（21）麻花头属 *Klasea* Cass.

麻花头 *K. centauroides*（L.）Cass.（彩图 218）

（22）泥胡菜属 *Hemistepta* Bunge

泥胡菜 *H. lyrata* Bunge（图 193）

（23）风毛菊属（青木香属）*Saussurea* DC.

1. 头状花序外面有紫色的苞叶包围；叶披针形，边缘有细齿 ………………………………………………………………………… 紫苞风毛菊 *S. iodostegia* Hance.（彩图 219）
1. 头状花序没有扩大的苞叶包围。
   2. 总苞片顶端有扩大的膜质或草质附片。
      3. 叶不裂，根生叶长圆状椭圆形…………………… 草地风毛菊 *S. amara* DC.
      3. 叶羽状半裂至深裂 ……………………… 风毛菊 *S. japonica*（Thunb.）DC.（图 194）
   2. 总苞片顶端无扩大的膜质或草质附片。
      4. 总苞片边缘具栉齿状附片；叶羽状深裂 …………………… 篦苞风毛菊 *S. pectinata* Bge.
      4. 总苞片全缘；叶不分裂，背面密被银白色绵毛 ……… 银背风毛菊 *S. nivea* Turcz.（彩图 220）

（24）橐吾属 *Ligularia* Cass.

西伯利亚橐吾 *L. sibirica*（L.）Cass.（彩图 221）

（25）一枝黄花属 *Solidago* L.

一枝黄花* *S. virgaurea* L. var. *dahurica* Kitag.

（26）旋覆花属 *Inula* L.

1. 叶线状披针形，边缘反卷，基部渐狭，无叶耳；总苞外面有腺 ………………………………………………………………………… 线叶旋覆花 *I. linariaefolia* Turcz.（图 195）
1. 叶披针形或线状披针形，基部渐狭，有小耳 ……………………… 旋覆花 *I. japonica* Thunb.（图 196）

（27）翠菊属 *Callistephus* Cass.

翠菊* *C. chinensis* Nees.

（28）飞蓬属 *Erigeron* L.

一年蓬 *E. annuus*（L.）Pers.（图 197）

（29）瓜叶菊属 *Pericallis* D. Don.

瓜叶菊* *P. hybrida* B. Nord.

（30）东风菜属 *Doellingeria* Nees.

东风菜 *D. scaber*（Thunb.）Nees.（彩图 222）

（31）女菀属 *Turczaninowia* DC.

女菀 *T. fastigiata*（Fisch.）DC.（图 198）

（32）狗娃花属 *Heteropappus* Less.

狗娃花 *H. hispidus* Less.（图 199）

（33）紫菀属 *Aster* L.

1. 头状花序单生茎顶；茎不分枝；叶全缘 …………………………………………… 高山紫菀 *A. alpinus* L.
1. 头状花序在茎顶成伞房状；茎分枝。
  2. 茎上部叶基部不抱茎；野生花卉。
    3. 叶具三出脉 …………………………………………………… 三脉紫菀 *A. trinervius* Roxb.（彩图 223）
    3. 叶不具三出脉 ………………………………………………………………………… 紫菀 *A. tataricus* L.
  2. 茎上部叶基部抱茎；栽培花卉 ………………………………………………… 荷兰菊* *A. novi-belgii* L.

(34) 万寿菊属 *Tagetes* L.

1. 花序梗顶端膨大成喇叭状；舌状花筒部长于冠毛或等长 ……………………… 万寿菊* *T. erecta* L.
1. 花序梗顶端稍增粗，但不呈喇叭状；舌状花筒部短于冠毛 …………………… 孔雀草* *T. patula* L.

(35) 鬼针草属 *Bidens* L.

1. 瘦果狭楔形、楔形或倒卵状楔形，顶端截形。
  2. 单叶，不分裂，仅边缘有疏锯齿 ……………………………………………… 柳叶鬼针草 *B. cernua* L.
  2. 中部叶 3~5 裂，裂片无柄 ………………………………………………… 狼把草 *B. tripartita* L.（图 200）
1. 瘦果线形，先端渐狭。
  3. 瘦果顶端有芒刺 2 个；管状花冠 4 裂；叶 2~3 回羽状深裂，裂片宽约 2mm ……………………
  …………………………………………………………………………… 小花鬼针草 *B. parviflora* Willd.（图 201）
  3. 瘦果顶端有芒刺 3~4 个；管状花冠 5 裂；裂片边缘具稀疏不整齐的锯齿 ………………………
  ………………………………………………………………………………………………… 鬼针草 *B. bipinnata* L.

(36) 百日菊属 *Zinnia* L.

百日菊* *Z. elegans* Jacq.

(37) 豨莶属 *Sigesbeckia* L.

腺梗豨莶 *S. pubescens* Makino（图 202）

(38) 鳢肠属 *Eclipta* L.

鳢肠 *E. prostrate*（L.）L.（图 203）

(39) 牛膝菊属 *Galinsoga* Ruiz et Pau

牛膝菊（辣子草）*G. parvifora* Cav.（彩图 224）

(40) 大丽菊属 *Dahlia* L.

大丽菊 *D. pinnata* Cav.

(41) 金鸡菊属 *Coreopsis* L.

两色金鸡菊（蛇目菊）* *C. tinctoria* L

(42) 蓍草属 *Achillea* L.

高山蓍 *A. alpine* L.

(43) 茼蒿属 *Glebionis* Cass.

蒿子杆* *G. carinata*（Schou.）Tzve.

(44) 菊属 *Dendranthema* Gaetn.

1. 栽培植物。头状花序直径大，花色多样；叶羽状深裂或浅裂，裂片顶端圆或钝 ………………
………………………………………………………………………… 菊花 *D. morifolium*（Ramat.）Tzvel.
1. 野生植物。
  2. 舌状花黄色；头状花序小，直径 1~1.5cm ………………………………………………………
  ……………………………………………… 野甘菊 *D. lavandulifolium*（Fisch. ex Trautv.）Ling et Shih
  2. 舌状花粉红色；头状花序直径 3cm 左右 ……………… 小红菊 *D. chanetii*（Levl.）Shih.（图 204）

(45) 雏菊属 *Bellis* L.

雏菊* *B. perennis* L.

(46)马兰属 *Kalimeris* Cass.

全叶马兰 *K. integrifolia* Turcz.(图 205)

(47)向日葵属 *Helianthus* L.

1. 一年生草本；地下无块茎；叶基部心形或截形 ………………………………… 向日葵* *H. annuus* L.
1. 多年生草本；地下有块茎；叶基部宽楔形 ……………………………………… 菊芋 *H. tuberosus* L.

(48)松果菊属 *Echinacea* Moench.

松果菊* *E. purpurea*（L.）Moench.

(49)金盏菊属 *Calendula* L.

金盏菊* *C. officinalis* L.

(50)天人菊属 *Gaillandia* Foug.

天人菊* *G. pulchella* Foug.

(51)猫儿菊属 *Hypochaeris* L.

猫儿菊 *H. ciliata*（Thunb.）Makino

(52)鸦葱属 *Scorzonera* L.

1. 茎分枝，于茎顶着生几个头状花序；乳汁呈灰色 …………… 华北鸦葱 *S. albicaulis* Bunge(图 206)
1. 茎不分枝，头状花序单生于茎顶；乳汁呈白色。
   2. 叶披针形、长椭圆形，边缘全缘，平直 ………………………………………… 鸦葱 *S. austriaca* Willd.
   2. 叶卵状披针形或卵状椭圆形，边缘显著波状弯曲 ……………………………………………………… ……………………………………………………… 桃叶鸦葱 *S. sinensis* Lipsch et Krasch.(彩图 225)

(53)毛连菜属 *Picris* L.

毛连菜 *P. japonica* Thunb.(彩图 226)

(54)蒲公英属 *Taraxacum* L.

1. 花白色 ……………………………………………………………………… 白花蒲公英 *T. pseudo-albidum* Kit.
1. 花黄色 ……………………………………………………… 蒲公英 *T. mongolicum* Hand-Mazz.(图 207)

(55)苦苣菜属 *Sonchus* L.

1. 多年生草本；有根茎；花轴上无腺毛，叶边缘具稀疏的波状牙齿或为羽状浅裂 ………………… ……………………………………………………………………………… 苣荬菜 *S. brachyotus* DC.
1. 一年生草本；没有根茎；花轴上常有腺毛，叶羽状深裂至全裂 … 苦苣菜 *S. oleraceus* L.(图 208)

(56)莴苣属 *Lactuca* L.

1. 花兰紫色 ………………………………………………………………… 紫花山莴苣 *L. sibirica* Benth.
1. 花黄色或白色。
   2. 瘦果每面具 5~8 条纵肋。
      3. 叶不分裂 ……………………………………………………………………… * 莴苣 *L. sativa* L.
      3. 茎下部叶大头倒向羽裂，茎基部及主脉上无棘刺 ……………… 毛脉山莴苣 *L. raddeana* Max.
   2. 瘦果每面具 1 条纵肋 ………………………………………………………… 山莴苣 *L. indica* L.

(57)盘果菊属 *Prenanthes* L.

盘果菊 *P. tatarinowii* Maxim.(彩图 227)

(58)还阳参属 *Crepis* L.

北方还阳参 *C. crocea*（Lam.）Babc.

(59)苦荬菜属 *Ixeris* Cass.

1. 茎生叶基部为楔形；瘦果具长喙，喙与瘦果几等长 …………… 苦荬菜 *I. chinensis* Nakai(图 209)

1. 茎生叶基部耳状抱茎；瘦果具短喙，喙长约为瘦果的 1/3 以下。
   2. 叶羽状浅裂至深裂 ………………………………… 抱茎苦荬菜 *I. sonchifolia* Hance(图 210)
   2. 叶不裂，边缘具波齿裂 ……………………………… 秋苦荬菜 *I. denticulata* Stebb.（彩图 228）

(二)单子叶植物纲

96. 香蒲科 Typhaceae

香蒲属 *Typha* L.

1. 肉穗花序上的雄花序与下面的雌花序相连接。
   2. 雌蕊柄上的长毛较花柱长，而较柱头短、等长或稍长；花粉粒单一 ……………………………………………………………………………………… 香蒲 *T. orientalis* Presl.（彩图 229）
   2. 雌蕊柄上的长毛明显短于柱头；花粉粒为四合体 ………………………… 宽叶香蒲 *T. latifolia* L.
1. 肉穗花序上方的雄花序与下方的雌花序不相接；叶通常宽 5mm 以上；果穗圆柱形，长 8cm 以上 ……………………………………………………………… 狭叶香蒲(水烛)*T. angustifolia* L.（图 211）

97. 黑三棱科 Sparganiaceae

黑三棱属 *Sparganium* L.

1. 植株高达 1m 以上，有分枝；叶宽 2. 5cm；雌花序一般 1 个，生于最下分枝顶端 …………………………………………………………………………… 黑三棱 *S. stoloniferum* Hamilt.（图 212）
1. 植株高 20~40cm，无分枝；叶宽 2. 5~4mm；雌花序 1~3 个，生叶腋 ………………………………………………………………………………… 狭叶黑三棱 *S. subglobosum* Morong

98. 眼子菜科 Potamogetonaceae

眼子菜属 *Potamogeton* L.

1. 叶有沉水叶和浮水叶两型；但沉水叶有叶身，披针形 ……………… 眼子菜 *P. distinctus* A. Benn.
1. 叶全部为沉水叶；叶无柄。
   2. 叶较宽，广披针形或线状披针形，基部不抱茎，边缘有波皱 ……… 菹草 *P. crispus* L.（图 213）
   2. 狭线形，叶全缘，长 3~6cm，宽 1. 5mm ……………………… 小眼子菜 *P. pussilus* L.（图 214）

99. 茨藻科 Najadaceae

茨藻属 *Najas* L.

茨藻 *N. marina* L.

100. 泽泻科 Alismataceae

1. 叶椭圆形，花两性，雄蕊 6 枚 ……………………………………………… (1)泽泻属 *Alisma* L.
1. 叶箭头形，花单性或杂性，雄蕊 9 枚以上 ……………………………… (2)慈菇属 *Sagittaria* L.

(1)泽泻属 *Alisma* L.

泽泻 *A. orientale*（Sam.）Juz.

(2)慈菇属 *Sagittaria* L.

慈菇 *S. trifolia* L.（彩图 230）

101. 花蔺科 Butomaceae

花蔺属 *Butomus* L.

花蔺 *B. umbellatus* L.

102. 水鳖科 Hydrocharitaceae

黑藻属 *Hydrilla* Rich.

黑藻 *H. varticillata*（L. f.）Royle(图 215)

103. 禾本科 Gramineae(Poaceae)

1. 植株多年生；秆木质，散生；秆箨与叶鞘区别明显；主秆节间近圆筒形，在分枝的一侧扁平或有沟槽，每节2分枝 ………………………………………… (1)刚竹属 *Phyllostachys* Sieb. et Zucc.
1. 植株一年生或多年生；秆草质。
 2. 小穗含1花至多花，多数两侧压扁，通常脱节于颖之上(偃麦草属、看麦娘属、棒头草属例外)，稀由于小穗柄折断而使小穗整体脱落；小穗轴大多延伸至最上小花内稃之后呈细柄状或刚毛状。
  3. 成熟花的外稃多脉至5脉，稀为3脉；叶舌通常无纤毛。
   4. 小穗无柄或几乎无柄；多为穗状花序，稀为穗形总状花序。
    5. 穗轴每节有3小穗；小穗含1花 ………………………………… (2)大麦属 *Hordeum* L.
    5. 穗轴各节只有1小穗。
     6. 外稃无基盘；颖果常与内、外稃分离；栽培作物 ……………… (3)小麦属 *Triticum* L.
     6. 外稃有明显基盘；颖果常与内、外稃相贴；野生类型。
      7. 植物体通常无地下茎；穗轴于各花间断裂 ………… (4)鹅观草属 *Roegneria* C. Koch.
      7. 植物体通常有地下茎或匍匐茎；小穗轴不在各小花间断裂 ……………………………………………………………………………… (5)偃麦草属 *Elytrigia* Desv.
   4. 小穗有柄，稀无柄或近无柄；多为圆锥花序，稀为压扁的穗状花序。
    8. 小穗常有1花，稀为2花；外稃有5脉，稀更少。
     9. 外稃为膜质，常短于颖，也可略长或与颖等长，如长于颖时质地坚硬，成熟时疏松包裹颖果或不包裹。
      10. 圆锥花序极紧密，圆柱状。颖下部合生；外稃下部边缘也合生，中部以下有芒；无内稃……………………………………………………… (6)看麦娘属 *Alopecurus* L.
      10. 圆锥花序开展或紧缩，非圆柱状。
       11. 小穗无柄，覆瓦状排到于穗轴一侧，再排列成圆锥花序 ……………………………………………………………………………… (7)茵草属 *Beckmnnia* Host.
       11. 小穗多少有柄，排列成展开的或紧缩的圆锥花序；颖等长或近等长，与小花等或稍短。
        12. 外稃基盘上有长柔毛 …………………………… (8)拂子茅属 *Calamagrostis* Adans
        12. 外稃基盘上无毛或仅有微毛 (9)剪股颖属 *Agrostis* L.
     9. 外稃质地较颖片厚，至少在背部较颖为坚硬，成熟后与内稃一同紧包颖果。外稃先端无关节，细长呈披针形，有散生柔毛 ………………… (10)芨芨草属 *Achnatherum* Beauv.
    8. 小穗含2至多花，如为1花则外稃有5条以上的脉。
     13. 小穗含3小花，其中仅1花可孕，位于2不孕花上方，或不孕花退化；成熟外稃质硬，无芒；植株干后有香味……………………………………… (11)茅香属 *Hierochloe* R. Brown
     13. 小穗有可孕花1至多数，位于不孕花的下方，稀位于小穗中部；小穗轴延伸至花内稃之后，后最上部有1退化小花。
      14. 第二颖一般长于第一小花；外稃无芒或先端有短芒或小尖头，3~5脉；圆锥花序紧缩成穗状 ……………………………………………………… (12)溚草属 *Koeleria* Pers.
      14. 第二颖一般短于第一小花；外稃有芒时多劲直。
     15. 外稃或基盘上无毛或有毛，有3脉，稀在基部有5脉。
      16. 中型禾草；基盘无毛；叶舌厚膜质；叶舌无纤毛 … (13)龙常草属 *Diarrhena* Beauv.
      16. 大型禾草；外稃无毛；基盘有长柔毛；叶舌有纤毛 … (14)芦苇属 *Phragmites* Trin.

15. 外稃或基盘上无毛或有毛，有毛时其毛通常短于外稃，有5脉或更多；叶舌常膜质，无纤毛。

17. 小穗的外稃背腹面对穗轴排成穗状花序；侧生小穗无第一颖 ………………………………………………………………………………………… (15)黑麦草属 *Lolium* L.

17. 小穗一侧面对穗轴排成圆锥花序至总状花序，稀为穗形总状花序；侧生小穗有第一颖。

18. 外稃常有7或更多脉，也可有5脉；叶鞘闭合。

19. 子房顶端有糙毛；内稃脊上有硬纤毛或短毛 …………… (16)雀麦属 *Bromus* L.

19. 子房顶端无毛；内稃脊上无毛………………………………… (17)臭草属 *Melica* L.

18. 外稃有3~5脉；叶鞘不闭合或仅在基部闭合。

20. 外稃基部圆形，先端尖或有芒，有5脉，先端汇合 …… (18)羊茅属 *Festuca* L.

20. 外稃背部有脊；小穗有柄，排成紧缩或开展的圆锥花序；基盘有绵毛，稀无毛 ……………………………………………………………………… (19)早熟禾属 *Poa* L.

3. 成熟花的外稃3脉或1脉；叶舌通常有纤毛或为一圈毛所代替。

21. 小穗有3至多数结实小花。

22. 小穗两侧压扁，背部明显有脊；外稃先端大多完整，无芒，光滑；基盘无毛 ……………………………………………………………………… (20)画眉草属 *Eragrostis* Beauv.

22. 小穗背部圆形或稍两侧压扁而有脊；外稃先端大多有芒或于2裂齿间生1小尖头，稀无芒；基盘多少有短柔毛；叶片干枯后自叶鞘顶端脱落；叶鞘内有隐藏的花序……………………………………………………………………… (21)隐子草属 *Cleistogenes* Keng.

21. 小穗含1或2结实小花。

23. 小穗无柄或近无柄，排列于穗轴一侧，穗状花序呈指状排列于主轴顶端。

24. 外稃有芒，3脉，边缘上部有长毛；无小穗延伸 ……… (22)虎尾草属 *Chloris* Swartz.

24. 外稃无芒，3脉，边缘无长毛；小穗轴延伸至内稃之后 ……………………………………………………………………… (23)狗牙根属 *Cynodon* Rich.

23. 小穗单生，两侧压扁；1结实小花；第一颖缺失 ………… (24)结缕草属 *Zoysia* Willd.

2. 小穗含2花，下部的花常不发育或为雄花，或退化只有外稃，因而小穗只含1花；背腹扁或为圆筒形，稀为两侧压扁，通常脱节于颖之下，稀为例外；小穗轴从不延伸至内稃之后，故无细柄或刚毛。

25. 第二花的外稃质地坚韧，无芒或有芒。

26. 小穗成对着生，稀单生；脱节于颖之上；外稃多有芒；基盘有毛 ……………………………………………………………………… (25)野古草属 *Arundinella* Raddi.

26. 小穗单生或成对；脱节于颖之下；外稃多无芒；基盘无毛。

27. 花序中有不育小枝形成的刚毛。

28. 小穗脱落时，其下所托的刚毛宿存于穗轴…………………… (26)狗尾草属 *Setaria* Beauv.

28. 小穗脱落时与其下所托的由不育小枝形成的刚毛一同脱落 ……………………………………………………………………… (27)狼尾草属 *Pennisetum* Richard.

27. 花序中无不育小枝形成的刚毛。

29. 小穗柄多少有些延伸；小穗背腹压扁；小穗排列成开展的圆锥花序 ……………………………………………………………………… (28)黍属 *Panicum* L.

29. 小穗排列于穗轴一侧呈穗状花序或穗状总状花序，此花序再作指状排列于伸长的主轴上而彼此分离。

30. 第二外稃在颖果成熟时骨质或草质，多少有些坚硬，边缘通常狭窄而内卷，因而内稃露出较多 ……………………………………………… (29)稗属 *Echinochloa* Beauv.

30. 第二外稃在颖果成熟时软骨质而有弹性，通常有扁平而质薄的边缘覆盖内稃，因而内稃露出较少，先端无芒也无小尖头 ……………… (30)马唐属 *Digitaria* Scop.

25. 外稃和内稃均为膜质或透明膜质；第二外稃有芒或无芒。

31. 小穗两性，或能育小穗与不育小穗生于同一穗轴上。

32. 成对小穗均可成熟且同形。

33. 成对小穗均有柄而自柄上脱落；穗轴延伸而无关节。

34. 圆锥花序紧缩呈穗状；植株低矮；小穗无芒；基盘有多数白色丝状柔毛 ……………………………………………………………… (31)白茅属 *Imperata* Cyrillo.

34. 圆锥花序开展；植株高大；小穗有芒，稀无芒，基部无多数白色丝状柔毛 ……………………………………………………………… (32)芒属 *Miscanthus* Anderss.

33. 成对小穗1有柄，1无柄；穗轴有关节，各节连同无柄小穗一起脱落；总状花序圆锥状 ……………………………………………………………… (33)大油芒属 *Spodiopogon* Trin.

32. 成对小穗非均可成熟，且异形，其中无柄小穗结实，有柄小穗退化不孕。

35. 无柄小穗第二外稃的芒着生于稃体的近基部处；第一颖表面有瘤状突起或刺瘤；叶条形或卵状披针形，基部略呈心形 ………………………… (34)荩草属 *Arthraxon* Beauv.

35. 无柄小穗第二外稃的芒不着生于稃体的基部；第一颖表面无瘤状实起或刺瘤；总状花序位于船形佛焰状总苞内 ……………………………………… (35)菅属 *Themeda* Forskal

31. 小穗单性，雌、雄小穗分别生于不同花序或同一花序的不同部位。

36. 雌、雄小穗分别生于不同的花序上；雄小穗为顶生圆锥花序；雌小穗为多数鞘苞所包的腋生肉穗花序 ……………………………………………… (36)玉蜀黍属 *Zea* L.

36. 雌、雄小穗生于同一花序上；雄小穗在花序上部；雌小穗位于下部，常3枚着生于基部，其中1枚结实，封藏于坚硬的念珠状的苞片内 ……………… (37)薏苡属 *Coix* L.

(1)刚竹属 *Phyllostachys* Sieb. et Zucc.

刚竹* *Ph. bambusoides* Sieb. et Zucc.

(2)大麦属 *Hordeum* L.

大麦* *H. vulgare* L.

(3)小麦属 *Triticum* L.

小麦* *T. aestivum* L.

(4)鹅观草属 *Roegneria* C. Koch.

1. 外稃边缘有长纤毛；外稃的芒较稃体为长，成熟后向外反曲 ……………………………………………………………… 纤毛鹅观草 *R. cillaris* Nevski(图216)

1. 外稃边缘无纤毛；外稃有芒，但劲直或稍屈曲；内稃长圆形，与外稃等长或穗短 ……………………………………………………………… 鹅观草 *R. kamoji* Ohwi(图217)

(5)偃麦草属 *Elytrigia* Desv.

偃麦草* *E. repens* (L.) Desv.

(6)看麦娘属 *Alopeeurus* L.

看麦娘 *A. aequalis* Sobol.(图218)

(7)菵草属 *Beckmannia* Host.

菵草 *B. syzigachne* (Steudel) Fernald(图219)

(8)拂子茅属 *Calamagrostis* Adans

1. 小穗轴不延伸至内稃之后，无毛而不呈画笔状；外稃通常比颖短很多，基盘毛明显长于外稃。
   2. 颖不等长，芒生于外稃的顶端 …………………… 假苇拂子茅 *C. pseudophragmites*（Hall. F.）Kael.
   2. 芒生于外稃中部或中上部。
      3. 小穗长5~7mm，颖几等长，花序长20~40cm ………… 拂子茅 *G. epigejos*（L.）Roth（图220）
      3. 小穗长8~10mm，颖不等长，花序长18~25cm …………………… 大拂子茅 *C. macrolepis* Litv.
1. 小穗轴明显延伸到内稃之后，具长柔毛而呈画笔状；外稃比颖稍短，基盘毛短于或等长于外稃。
   4. 基盘毛通常不超过外稃的2/3；小穗较小，长4~5.5mm，稀有6mm ……………………………………………………………… 野青茅 *C. arundinacea*（L.）Roth.（图221）
   4. 基盘毛通常超过外稃的2/3，约与外稃近等长 ……………… 大叶章 *C. langsdorffii*（Link）Trin.

（9）剪股颖属 *Agrostis* L.

华北剪股颖 *A. clavata* Trin.

（10）芨芨草属 *Achnatherum* Beauv.

1. 花序开展，成熟后分枝开展，基盘钝，叶宽7~12mm，扁平 ……………………………………………………………… 京芒草 *A. pekinense*（Hance）Ohwi（图222）
1. 花序紧缩，分枝直立或斜向上升，基盘尖锐，叶宽3~7mm，常内卷 … 羽茅 *A. sibiricum*（L.）Keng

（11）茅香属 *Hierochloe* R. Brown

光稃茅香 *H. glabra* Trin.（彩图231）

（12）溚草属 *Koeleria* Pers.

溚草 *K. macrantha*（Ledeb.）Schultes.（图223）

（13）龙常草属 *Diarrhena* Beauv.

龙常草 *D. manshurica* Maxim.（图224）

（14）芦苇属 *Phragmites* Trin.

芦苇 *P. australis*（Cav.）Trin.（图225）

（15）黑麦草属 *Secale* L.

黑麦* *S. cereale* L.

（16）雀麦属 *Bromus* L.

无芒雀麦 *B. inermis* Leyss.

（17）臭草属 *Melica* L.

臭草（肥马草）*M. scabrosa* Trin.（彩图232）

（18）羊茅属 *Festuca* L.

远东羊茅 *F. extremiorientalis* Ohwi

（19）早熟禾属 *Poa* L.

1. 植株具长而明显的根茎；植株疏丛生，基生叶比秆短得多；花序较开展 ……………………………………………………………… 草地早熟禾 *P. pratensis* L.（图226）
1. 植株不具长而明显的根茎或仅具简短的根头。
   2. 内稃脊上具细长丝状毛，一年生植物。
      3. 外稃的基盘无绵毛，花序分枝光滑 ………………………………… 早熟禾 *P. annua* L.（图227）
      3. 外稃的基盘有绵毛，花序分枝粗糙 ………………………………… 白顶早熟禾 *P. acroleuca* Steud
   2. 内稃脊上粗糙或具短纤毛，多年生植物。
      4. 叶舌长1mm以下。
         5. 顶生叶鞘不超过其叶片的一半；外稃脊下部1/2具柔毛 ……… 林地早熟禾 *P. nemoralis* L.
         5. 顶生叶鞘较长，与叶片等长或稍长；外稃脊下部具柔毛 …… 蒙古早熟禾 *P. mongolica* Rendle

4. 叶舌长4mm以上；叶色灰绿；小穗具4~6小花，长5~7mm ……………………………………………………………………………………… 硬质早熟禾 *P. sphondylodes* Trin.（彩图233）

（20）画眉草属 *Eragrostis* Beauv.

1. 叶鞘脉上、叶片边缘、小穗柄上以及颖及外稃脊上常具腺点；小穗宽2~3mm；外稃长2~2.2mm ……………………………………………………………………… 大画眉草 *E. cillianensis* Link.（图228）

1. 叶鞘脉上、叶片边缘、小穗柄上以及颖及外稃脊上均无腺点；小穗宽1mm；外稃长1.5~2mm ……………………………………………………………………………… 画眉草 *E. pilosa* Beauv.

（21）隐子草属 *Cleistogenes* Keng

1. 叶鞘具疣毛，叶片宽4~8mm …… 宽叶隐子草 *C. hockelii*（Honda）Honda var. *nakaii*（Keng）Ohwi

1. 叶鞘除鞘口外其余均平滑无毛，叶片宽4mm以下。

2. 小穗由2~3花组成，内稃的脊延伸成短芒 ………………… 糙隐子草 *C. squarrosa*（Trin.）Keng

2. 小穗由3~5花组成，内稃的脊不延伸成芒 ……………… 丛生隐子草 *C. caespitosa* Keng（图229）

（22）虎尾草属 *Chloris* Swartz.

虎尾草 *C. virgata* Swartz（图230）

（23）狗牙根属 *Cynodon* Rich.

狗牙根 *C. dactylon*（L.）Pers.（图231）

（24）结缕草属 *Zoysia* Willd.

结缕草 *Z. japonica* Steud.（图232）

（25）野牯草属 *Arundinella* Raddi.

野牯草 *A. hirta*（Thund）Tanaka（图233）

（26）狗尾草属 *Setaria* Beauv.

1. 谷粒成熟后与颖片及第一外稃分离而脱落 ……………………… 粟（谷子）* *S. italica*（L.）Beauv.

1. 谷粒成熟后与颖片及第一外稃同时脱落。

2. 刚毛金黄色；小穗长3~4mm ……… 金狗尾草 *S. pumila*（Poiret）Roemer et Schuftes（彩图234）

2. 刚毛绿色、淡紫色至紫色；小穗长2~2.5mm。

3. 叶宽不到7mm；花序长度不到5cm；野生植物 ……… 狗尾草 *S. viridis*（L.）Beauv.（图234）

3. 叶宽达12mm；花序长达10cm；混生于谷子田中 ……………………………………………………………… 谷莠子 *S. viridis*（L.）Beauv. subsp. *pycnocoma*（Steudel）Tzvelev

（27）狼尾草属 *Pennisetum* Richard.

1. 刚毛等长或短于小穗；药室顶端有髯毛 …………………………… 御谷* *P. glaucum*（L.）R. Brown

1. 刚毛明显短于小穗；药室顶端无髯毛 ……………… 狼尾草 *P. alopecuroides*（L.）Spreng（图235）

（28）黍属 *Panicum* L.

稷（糜子）* *P. miliaceum* L.

（29）稗属 *Echinochloa* Beauv.

野稗 *E. crusgalli*（L.）Beauv.（彩图235）

（30）马唐属 *Digitaria* Scop.

1. 小穗较小，长2~2.5mm，第二颖与小穗等长或稍短 ……………………………………………………………… 止血马唐 *D. ishaemum*（Schreb.）Muhl.（图236）

1. 小穗较大，长3~3.5mm，第二颖为小穗长的1/2~3/4。

2. 第二颖及第一外稃通常无长纤毛或仅边缘具短纤毛 … 马唐 *D. sanguinalis*（L.）Scop.（彩图236）

2. 第二颖及第一外稃具长纤毛，成熟后向外开展 ……………… 纤毛马唐 *D. ciliaris*（Retz.）Koel

（31）白茅属 *Imperata* Cyrillo

白茅 *I. cylindrica* (L.) Beauv.

(32)芒属 *Miscanthus* Anderss.

1. 第二花外稃无芒 …………………………………… 荻 *M. sacchariflorus* (Maxim) Benth.(图 237)
1. 第二花外稃有芒 ………………………………………………………… 芒 *M. sinensis* Anderss.(图 238)

(33)大油芒属 *Spodiopogon* Trin.

大油芒 *S. sibiricus* Trin.(彩图 237)

(34)荩草属 *Arthraxon* Beauv.

荩草 *A. hispidus* (Thunb) Makino(彩图 238)

(35)菅草属 *Themeda* Forskal.

菅草(黄背草)*Th. japonica* (Will) Tanaka(图 239)

(36)玉蜀黍属 *Zea* L.

玉米* *Z. mays* L.

(37)薏苡属 *Coix* L.

薏苡* *C. lacryma－jobi* L.

104. 莎草科 Cyperaceae

1. 花包于鳞片腋内，不具先出叶所形成的果囊；花两性。
    2. 小穗的鳞片呈螺旋状排列；有下位刚毛 ………………………………… (1)藨草属 *Scirpus* L.
    2. 小穗的鳞片呈二行排列；无下位刚毛 ………………………………………… (2)莎草属 *Cyperus* L.
1. 雄花包于鳞片腋内，雌花具先出叶，绝大多数先出叶在边缘合生而成果囊；花单性 …… (3)薹属 *Carex* L.

(1)藨草属 *Scirpus* L.

1. 在花序下有伸展禾叶状的苞片。
    2. 柱头 3 枚，少有 2 枚；下位刚毛与小坚果等长或稍长；小穗大多着生于花序顶端的辐射枝上………………………………………………………………… 荆三棱 *S. fluviatillis* (Torr.) A. Gray(图 240)
    2. 柱头 2 枚；下位刚毛为小坚果之一半或稍长；小穗常簇生花序之顶端，极稀有1~2 个辐射枝…………………………………………………………………… 扁杆藨草 *S. planiculmis* Schmidt(彩图 239)
1. 在花序下无禾叶状苞片，或仅具由秆所延长的苞片。
    3. 茎圆柱形。
        4. 花序呈头状，无辐射枝；根茎极短 ……………………………………… 萤蔺 *S. juncoides* Roxb.
        4. 花序分枝，具 2~3 个辐射枝；根茎粗壮发达…………………… 水葱 *S. tabernaemontani* Gmel.
    3. 茎三棱形…………………………………………………………………………………… 藨草 *S. triqueter* L.

(2)莎草属 *Cyperus* L.

1. 小穗排列在辐射枝所延长之花序轴上，呈穗状花序 ………………… 碎米莎草 *C. iria* L.(图 241)
1. 小穗排列在辐射枝所延长的花序轴上，呈穗状花序。
    2. 一年生草本，叶状苞片 3~5 枚；聚伞花序短缩成圆球状 ……………………………………………………………………………………………… 旋鳞莎草 *C. michelianus* Link(彩图 240)
    2. 多年生草本，叶状苞片 10 多枚 ………………………………………… 旱伞草* *C. alternifolius* L.

(3)薹属 *Carex* L.

1. 小穗内有雄花及雌花二种，且为雄雌顺序(即小穗上方者为雄花，下方为雌花)；小穗无梗。
    2. 果囊边缘具宽翅；花序下苞片叶状，长于花序 2 倍以上 …… 翼果薹 *C. neurocarpa* Max.(图 242)
    2. 果囊边缘仅稍微增厚；花序下的苞片短于或稍长于花序 ……………………………………………………………………………… 尖嘴薹 *C. leiorhyncha* C. A. Mey(彩图 241)

1. 小穗内仅有雄花或雌花一种；小穗常有梗。
   3. 叶宽不超 1cm
   3. 叶广披针形，宽达 3cm …………………………… 宽叶薹草 *C. siderosticta* Hance(图 243)
      4. 叶细呈毛状；茎短；柱头 3 裂；生境干燥 ……………………………………………… 低矮薹草(羊胡子) *C. humilis* Leyss. var. *nana* Ohwi(图 244)
      4. 叶条状；茎长；柱头 2 裂；生溪水边 … 溪水薹草 *C. forficula* Franch. et Sav.（彩图 242)

105. 天南星科 Araceae

1. 花两性；肉穗花序上部无附属器；佛焰苞和叶片同形同色…………………… (1)菖蒲属 *Acorus* L.
1. 花单性；肉穗花序具顶生附属器；佛焰苞和叶片不同。
   2. 佛焰苞管喉部张开 ……………………………………………… (2)天南星属 *Arisaema* Mart.
   2. 佛焰苞管喉部闭合 ……………………………………………… (3)半夏属 *Pinellia* Tenore

(1)菖蒲属 *Acorus* L.

菖蒲 *A. calamus* L.(图 245)

(2)天南星属 *Arisaema* Mart.

1. 花序顶端的附属体呈长尾状 ……………………………… 天南星 *A. heterophyllum* Blume(图 246)
1. 花序顶端的附属体呈棍棒状 ……………………………… 东北天南星 *A. amurense* Max.(彩图 243)

(3)半夏属 *Pinellia* Tenore

半夏 *P. pedatisecta* Schott(图 247)

106. 浮萍科 Lemnaceae

浮萍属 *Lemna* L.

浮萍 *Lemn minor* L.(图 248)

107. 鸭跖草科 Commelinaceae

1. 发育雄蕊 3，其余的退化或不完全 …………………………………… (1)鸭跖草属 *Commelina* L.
1. 发育雄蕊 6 枚。
   2. 花瓣连合成管状。
      3. 植物体紫色 ………………………………………… (2)紫竹梅属 *Setcreasea* K. Shum. et Sydow
      3. 植物体不为紫色，或仅有紫色条纹或叶背紫色 ………………… (3)吊竹梅属 *Zebrina* Schnizl.
   2. 花瓣分离。
      4. 叶无柄，线形或长圆形；茎直立或匍匐 ……………………… (4)紫露草属 *Tradescantia* L.
      4. 叶具柄，卵状心形，茎缠绕 ……………………………… (5)竹叶子属 *Streptolirion* Edgew.

(1)鸭跖草属 *Commelina* L.

鸭跖草 *C. communis* L.(彩图 244)

(2)紫竹梅属 *Setcreasea* K. Shum. et Sydow

紫竹梅* *S. purpurea* Boom.

(3)吊竹梅属 *Zebrina* Schnizl.

1. 叶面银白色，中部及边缘为紫色，叶背紫色 ………………………… 吊竹梅* *Z. pendula* Schnizl.
1. 叶面绿色，有两条明显的银白色条纹………………… 异色吊竹梅* *Z. pendula* var. *discolor* Schnizl .

(4)紫露草属 *Tradescantia* L.

紫露草* *Tradescantia albiflora* L.

(5)竹叶子属 *Streptolirion* Edgew.

竹叶子 *S. volubile* Edgew.（彩图 245)

108. 雨久花科 Pontederiaceae

1. 叶柄无膀胱状气囊，花被6，深裂到基部 ……………………………（1）雨久花属 *Monochoria* Presl.
1. 叶柄具膀胱状气囊，花被基部连接成管状 ……………………………（2）凤眼莲属 *Eichhornia* Kunth

（1）雨久花属 *Monochoria* Presl.

1. 叶广卵形或卵状心形，长5～12cm，宽4～10cm；花多，总状花序顶生，超出叶 ………………………………………………………………………………… 雨久花 *M. korsakowii* Regel et Maack（彩图246）
1. 叶披针形，长圆状卵形或三角状卵形，长3～7cm，宽1～3cm；花少，总状花序腋生，不超出叶…………………………………………………………………………… 鸭舌草 *M. vaginalis*（Brum. f.）Presl.

（2）凤眼莲属 *Eichhornia* Kunth

凤眼莲* *E. crassipes*（Mart.）Solms Laub.

109. 灯心草科 Juncaceae

灯心草属 *Juncus* L.

1. 一年生草本，茎高4～20（25）cm；外花被片比内花被片长 ………………… 小灯心草 *J. bufonius* L.
1. 多年生草本，茎高25～75cm；花被片近等长 ……………………………………………………………………………… 细灯心草 *J. gracillimus*（Buch.）V. Krecz. et Gontsch.

110. 百合科 Liliaceae

1. 植株无地下鳞茎，有根状茎、块茎、块根或纤维根。
  2. 叶退化成鳞片状；枝条变成绿色叶状枝；叶状枝狭长，条形、针形或近圆柱形，平直或稍弯，常簇生于茎枝上；花或花序生于叶状枝腋内；花丝离生 ……………（1）天门冬属 *Asparagus* L.
  2. 叶正常发育，不具上述特征。
    3. 叶片厚肉质，多浆汁，边缘有硬齿或刺 ………………………………（2）芦荟属 *Aloe* L.
    3. 叶片非肉质，边缘无硬齿。
      4. 托叶常呈卷须状，茎攀援，若无卷须，则呈直立灌木状；叶有网状细脉；花单性，雌雄异株 ………………………………………………………………………（3）菝葜属 *Smilax* L.
      4. 托叶不呈卷须状；叶有平行支脉；花两性。
        5. 茎木质化；叶剑形，较硬，先端有刺；圆锥花序 ……………………（4）丝兰属 *Yucca* L.
        5. 茎草质；叶基生，条形，不硬；非圆锥花序。
          6. 果实未成熟时已经不规则开裂，露出种子；成熟种子小核果状。
            7. 花近直立；子房上位，花丝与花药近等长，或比花药长，花药长圆形或长圆状披针形，钝头 ……………………………………………………（5）山麦冬属 *Liriope* Lour.
            7. 花多少下垂；子房半下位；花丝很短或不明显，长不及花药的一半，花药箭头状，尖头 ……………………………………………（6）沿阶草属 *Opkriopogon* Ker-Gawl.
          6. 果实未成熟前不开裂；成熟种子非核果状。
            8. 叶基生或近基生；茎极短，茎生叶不发达。
              9. 植株通常有叶2，少数3；叶柄鞘状，套叠成假茎；花钟形，下垂 ……………………………………………………………………（7）铃兰属 *Convallaria* L.
              9. 植株通常叶多数；花大，漏斗状 ……………………（8）萱草属 *Hemerocallis* L.
            8. 叶茎生；茎明显。
              10. 圆锥花序，稀总状花序，顶生；茎不分枝；花小……（9）鹿药属 *Smilacina* Desf.
              10. 花腋生；茎不分枝，花较大 ……………………（10）黄精属 *Polygonatum* Adans.
1. 植株有地下鳞茎，鳞茎球形、卵形或近圆柱形。
  11. 伞形花序，未开放前为膜质总苞所包；植株绝大多数有葱蒜味……………（11）葱属 *Allium* L.

11. 通常为总状花序或圆锥花序，少数单生；如为伞形花序，则总苞叶状，在花蕾期不包花序；植株一般无葱蒜气味。

12. 圆锥花序；花药肾形，横向开裂，汇合成一室；植株基部有撕裂成纤维状或网状的残存叶鞘或鳞茎皮，花序上有毛；花被片基部无腺体……………………（12）藜芦属 *Veratrum* L.

12. 花单生或排成其他花序；花药条形、长圆形或其他形状，2 室，纵裂。

13. 花药丁字形着生；叶全部为茎生叶；花序总状；鳞茎无干膜………（13）百合属 *Lilium* L.

13. 花药基底着生；叶基生或基生叶兼有茎生叶；花较大，常单朵顶生；鳞茎外有干膜保护……………………………………………………………………（14）郁金香属 *Tulipa* L.

（1）天门冬属 *Asparagus* L.

1. 花梗极短，长仅 0.5~1mm；叶状枝扁平镰形 ……………… 龙须菜 *A. schoberioides* Kunth（图 249）

1. 花具梗，1cm 以上。

2. 雄花花被长 5~6mm，花药长 1~1.5mm …………………………… 石刁柏* *A. officinalis* L.

2. 雄花花被长 7~8mm，花药长 2mm ……………………………… 南玉带 *A. oligoclonos* Max.（图 250）

（2）芦荟属 *Aloe* L.

芦荟* *A. vera* var. *chinensisi*（Haw.）Berg.

（3）菝葜属 *Smilax* L.

牛尾菜 *S. riparia* A. DC.（图 251）

（4）丝兰属 *Yucca* L.

凤尾兰* *Y. gloriosa* L.

（5）山麦冬属 *Liriope* Lour.

山麦冬* *L. spicata*（Thunb.）Lour.

（6）沿阶草属 *Opkriopogon* Ker－Gawl.

沿阶草 *O. japonicus*（L. f.）Ker－Gawl.

（7）铃兰属 *Convallaria* L.

铃兰 *C. majalis* L.（彩图 247）

（8）萱草属 *Hemerocallis* L.

1. 花淡黄色。

2. 花被管长 3~5cm ……………………………………………… 黄花菜 *H. citrina* Baroni（图 252）

2. 花被管长 1~2.5cm；花 4 至多朵 ………………………………… 北黄花菜 *H. lilioasphodelus* L.

1. 花橘黄色；花被管长 2~3.5cm；根中下部纺锤形膨大 …………………… 萱草* *H. fulva*（L.）L.

（9）鹿药属 *Smilacina* Desf.

鹿药 *S. japonica* A. Gray（彩图 248）

（10）黄精属 *Polygonatum* Adans.

1. 叶轮生。

2. 叶先端具钩，叶宽在 5~7mm ………………………………… 黄精 *P. sibiricum* Redoute（图 253）

2. 叶先端不具钩，叶宽在 5mm 以下 …………………… 狭叶黄精 *P. stenophyllum* Max.（彩图 249）

1. 叶互生。

3. 花序具 2 枚卵形、宽 1~3cm 的苞片…… 二苞黄精 *P. involucratum*（Franch. et Sav.）Max.（图 254）

3. 花序无苞片或仅具钻状小形的苞片。

4. 叶下有短糙毛 ……………………………………………………… 小玉竹 *P. humile* Fisch.

4. 叶下无短糙毛。

5. 花常 1~2 朵腋生于腋内 ………………………… 玉竹 *P. odoratum*（Mill.）Druce（彩图 250）

5. 花序由 5～12 朵花组成 ………………………… 热河黄精 *P. macropodum* Max.（彩图 251）

（11）葱属 *Allium* L.

1. 花被片基部彼此靠合成管状；小花梗长 7～11cm …………………… 长梗韭 *A. neriniflorum* Backer
1. 花被片离生；小花梗长度不超过 4cm。
  2. 鳞茎外皮网状或近网状（由外方的肉质鳞片死亡后腐烂而成）。
    3. 叶线形，扁平、实心；花被常具绿色中脉 …………………… 韭* *A. tuberosum* Rottl. ex Spreng.
    3. 叶三棱状线形，背面有龙骨状隆起，中空；花被片常具红色主脉 …………………………………………………………………………… 野韭 *A. ramosum* L.（图 255）
  2. 鳞茎外皮膜质，不破裂或破裂成片状。
    4. 鳞茎球形、扁球形、狭卵形至卵形。
      5. 鳞茎由几枚瓣状的小鳞茎紧密地排列而成；总苞具长喙 ………………… 蒜* *A. sativum* L.
      5. 鳞茎由肉质鳞片环绕而成；总苞不具长喙。
        6. 内轮花丝基部扩大，每侧各具一齿；叶为中空的圆筒状………………… 洋葱* *A. cepa* L.
        6. 内轮花丝基部无齿；叶线状三棱形或三棱状半圆柱形。
          7. 鳞茎近球形；伞形花序中常多少具珠芽 … 薤白（小根蒜）*A. macrostemon* Bunge（图 256）
          7. 鳞茎卵形至狭卵形；伞形花序中无珠芽 ………… 球序韭 *A. thunbergii* G. Don（图 257）
    4. 鳞茎圆柱形。
      8. 花丝长度为花被的 2/3，花被片长度为 2. 8～5mm。
        9. 植株高大，高 30～75cm；花梗近等长，长 1. 5～3. 5cm；鳞茎折断后呈红色 …………………………………………………………………………… 矮韭 *A. anisopodium* Ledeb.
        9. 植株矮小，高 10～35cm，花梗不等长，长 0. 5～1. 5cm；鳞茎折断后不呈红色 ………………………………………………………………… 细叶韭 *A. tenuissimum* L.（图 258）
      8. 花丝长度为花被片的 1. 5～2 倍，花被片长 6～8. 5mm …………………… 葱* *A. fistulosum* L.

（12）藜芦属 *Veratrum* L.

藜芦 *V. nigrum* L.（彩图 252）

（13）百合属 *Lilium* L.

1. 花直立；叶为披针状线形或线形；花被片不翻卷。
  2. 花被上有紫红色斑点 ………………… 有斑百合 *L. concolor* Salisb. var. *pulchellum*（Fischer）Regel
  2. 花被上无紫红色斑点 ……………………………………………… 渥丹 *L. concolor* Salisb.（图 259）
1. 花倾斜或下垂；叶宽线形或披针形；花被片翻卷。
  3. 叶腋无珠芽；花鲜红色，无斑点 ……………………………………………… 山丹 *L. pumilum* DC.
  3. 叶腋有珠芽；花橙红色，有黑色斑点 ……………………… 卷丹 *L. lancifolium* Thunb.（图 260）

（14）郁金香属 *Tulipa* L.

郁金香* *T. gesneriana* L.

111. 薯蓣科 Dioscoreaceae

薯蓣属 *Dioscorea* L.

穿龙薯蓣 *D. nipponica* Makino（彩图 253）

112. 鸢尾科 Iridaceae

1. 植株地下部分具根茎或鳞茎；花柱 3 裂成花瓣状 ……………………………… （1）鸢尾属 *Iris* L.
1. 植株地下具球茎；花柱顶端 3 裂，但不为花瓣状 ………………………… （2）唐菖蒲属 *Gladiolus* L.

（1）鸢尾属 *Iris* L.

1. 叶剑形；花大，蓝紫色、淡紫色、白色，外轮花被片中部具毛状突起 … 德国鸢尾* *I. germanica* L.

1. 叶线性；花较小。
  2. 花淡蓝紫色；外轮花被片弯曲下垂，内轮花被片小而直立 ………… 马蔺 *I. lactea* Pall.（图 261）
  2. 花浅蓝色，具蓝紫色条纹及斑点；外轮花被片先短宽卵形，基部楔形；内轮花被片披针形，深蓝紫色 …………………………………………………… 矮紫苞鸢尾 *I. ruthenica* Ker-Gawl（彩图 254）

（2）唐菖蒲属 *Gladiolus* L.

唐菖蒲* *G. grandavensis* Van Houtte

113. 美人蕉科 Cannaceae

美人蕉属 *Canna* L.

美人蕉* *C. edulis* Ker Gawler

114. 兰科 Orchidaceae

1. 能育雄蕊 1 个；唇瓣不呈囊状。
  2. 花唇瓣具距。
    3. 花紫红色，块根掌状分裂 ……………………………………… （1）手参属 *Gymnadenia* R. Br.
    3. 花黄绿色 ……………………………………………………… （2）舌唇兰属 *Platanthere* Rich.
  2. 花唇瓣无距。
    4. 花粉红色，在花序轴上螺旋状扭曲 ……………………………… （3）绶草属 *Spiranthes* Richard
    4. 花黄绿色或淡黄色。
      5. 叶 2~3 枚；狭椭圆状披针形或狭椭圆形 ……………………… （4）角盘兰属 *Herminium* L.
      5. 叶 2 枚；卵形或卵状椭圆形 ……………………………………… （5）羊耳蒜属 *Liparis* Richard
1. 能育雄蕊 2 个；花大，唇瓣囊状 ……………………………………………… （6）杓兰属 *Cypripedium* L.

（1）手参属 *Gymnadenia* R. Br.

手参 *G. conopsea*（L.）R. Br.（图 262）

（2）舌唇兰属 *Platanthere* Rich

二叶舌唇兰 *P. chlorantha* Cust. ex Reichb.（彩图 255）

（3）绶草属 *Spiranthes* L. C. Richard

绶草 *S. sinensis*（Pers.）Ames.（图 263）

（4）角盘兰属 *Herminium* L.

角盘兰 *H. monorchis*（L.）R. Br.

（5）羊耳蒜属 *Liparis* L. C. Richard

羊耳蒜 *L. japonica*（Miq.）Maxim.（图 264）

（6）杓兰属 *Cypripedium* L.

大花杓兰 *C. macranthum* Sw.（彩图 256）

参考文献

贺士元. 1986. 河北植物志(第一卷)[M]. 石家庄：河北科学技术出版社.

贺士元. 1984. 北京植物志(上、下卷)[M]. 北京：北京出版社.

陈汉斌，李法曾. 1993. 植物学实习教程[M]. 济南：山东大学出版社.

马炜梁，陈昌斌，李宏庆. 1998. 高等植物及其多样性[M]. 北京：高等教育出版社，施普林格出版社.

汪劲武. 1985. 种子植物分类学[M]. 北京：高等教育出版社.

赵宏，韩晓弟. 2007. 植物学野外实习立体教学模型的构建[J]. 实验室研究与探索，4(26)：129 - 131.

赵宏. 2009. 植物学野外实习教程[M]. 北京：科学出版社.

郑万钧. 1983. 中国树木志(第一卷)[M]. 北京：中国林业出版社.

郑万钧. 1985. 中国树木志(第二卷)[M]. 北京：中国林业出版社.

郑万钧. 1997. 中国树木志(第三卷)[M]. 北京：中国林业出版社.

中国植物志编辑委员会. 1987. 中国高等植物图鉴(第 1 ~ 5 册)[M]. 北京：科学出版社.

中国植物志编辑委员会. 2004. 中国植物志[M]. 北京：科学出版社.

贺士元，等. 1981. 北京植物检索表增订本[M]. 北京：北京出版社.

赵建成，马清温，郭晓莉. 2009. 北京地区珍稀濒危植物资源[M]. 北京：北京科学技术出版社.

汪劲武. 2004. 常见野花[M]. 北京：中国林业出版社.

肖培根，连文琰. 1999. 中药植物原色图鉴[M]. 北京：中国农业出版社.

张志翔，等. 2014. 中国北方常见树木快速识别[M]. 北京：中国林业出版社.

傅立国，等. 2000. 中国高等植物(第 1 ~ 12 卷)[M]. 青岛：青岛出版社.

孙振钧. 2010. 生态学实验与野外实习指导[M]. 北京：化学工业出版社.

WU Z Y , RAVEN P H, HONG D Y(Eds.). 2013. Flora of China(1 ~ 25)[M]. Science Press (Beijing) & Missouri Botanical Garden Press, St. Louis.

附录一　植物野外实习急救常识和注意事项

掌握一定的救治知识，了解一些野外的注意事项能够使野外实习、调查与研究工作顺利进行。常见的野外急救常识和注意事项如下：

1. 创伤

野外的创伤包括开放性创伤和闭合性创伤。开放性创伤包括擦伤、扎刺伤、切割伤等。闭合性创伤包括扭伤、挫伤等。较大的开放性创伤必须及时就医，否则很容易因为大量失血造成严重的伤害。较小的开放性创伤首先要用洁净的水或者无菌盐水大量冲洗，将伤口中的异物除去。如果有条件可在伤口处涂上汞溴红，再用无菌纱布覆盖包扎，以促进伤口的愈合。如果伴随外出血和皮下出血，可用手指或拳头压迫包扎止血，并以绷带固定。闭合性的挫伤和扭伤24h 内应采用冷敷，24h 后可采用热敷热疗、涂抹消肿止痛药物，同时结合按摩使药效更好地发挥，也可内服跌打筋骨药水或药酒等。关节部位的肿胀必要时要注意固定肢体、适度抬高患肢、减少局部活动，待肿胀消失后可适度辅以锻炼或采用按摩的方法恢复肢体功能。野外实习和工作时尽量走已有或者熟悉的山路，切勿在山路上打闹。如果确实需要夜间野外工作，需要有足够的照明设施，以免因为看不清路面而摔伤。如果需要踩踏石块攀高，首先需要确定石块是否牢靠，以免发生摔伤。野外如需采摘带刺的植物，尽量使用枝剪等工具，以免扎伤。

2. 失血

在野外身体任何部位的出血都是危险的。一旦出现严重出血，必须马上加以控制同时立即就医。可以采用直接按压、抬高肢体、或者使用止血带的方法。直接按压即用手指直接按住伤口，以止住流血的力度为最好，同时要保持足够长的时间来按压。也可以尽量抬高受伤肢体使之高过心脏，从而帮助血液回流至心脏的方法来减少流血。如果上述方法未能成功止血时，需要使用止血带。选定止血带的部位后，应先在该处垫好布条，把止血带拉紧，缠肢体两周打结，止血带绑扎的松紧度要适宜，以观察伤口不出血为最适宜。止血带的选择部位一般是创伤部位的近心端，除了观察伤口不出血之外，还要注意观察肢体末端的肤色，避免局部紫绀，防止出现肢体的缺血坏死。止血带不能长时间不间断使用，冬季每隔 0. 5h、夏季每隔 1h 要放松 1 ~2min，然后再绑起来。再次绑扎时部位要略加移动。

3. 皮肤感染

野外常见的皮肤感染包括疥疮、真菌感染等。一般而言野外皮肤感染很少引起严重的健康问题，但隐隐作痛的感觉会让人全身不舒服。但对一些过敏性体质的人来讲，小小的皮肤感染也会产生严重的不良后果。因此除了野外注意个人卫生外，一旦发生皮肤感染需要及时处理。皮肤出现疥疮时可以用热纱布或热的消毒纸巾敷在疥疮上，待脓头长出后用消过毒的刀具或者类似尖锐的物件挑开脓头。不要尝试捂盖伤处，要使其处于相对开放状态，以促进受感染的脓液外流。皮肤疥疮破溃之后脓液的清洗需采用蒸馏水、生理盐水，如果客观条件不允许，可应用尽量清洁的流动水。脓液较多或是侵及肌层引起局部感染或周围组织坏死的话，需要用双氧水冲洗去除坏死组织，需要每天检查伤口，确认是否进一步感染。野外结束后，严重者需要及时就医。如果皮肤出现真菌感染，首先要保持皮肤清洁干爽，同时再保证皮肤不灼伤的情况下将感染部分尽可能多地暴露于阳光下。尽可能不要抓挠皮肤，也不要使用碘酒、医用酒精之类的药剂。野外结束后需要及时就医。

4. 晒伤

野外长时间暴露于阳光下易引发晒伤。晒伤的典型症状是皮肤出现边界明显的红斑，严重者可出现水肿，同时伴有局部刺痛或者局部瘙痒。如果皮肤被晒红并出现肿胀、疼痛时，可用冷毛巾或者湿巾敷在晒处，直至痛感消失。如果出现水泡，不要自行去挑破，应及时就医。为减少晒伤的发生，野外实习和工作人员应穿着长袖上衣和长裤，同时暴露的部位需要涂抹防晒霜。

5. 腹泻和中毒

腹泻是野外常见毛病之一，可能是由于疲劳、水土不服、引用不洁净的水等原因引起的。发生腹泻后往往影响后续实习和调研的进行，因此野外实习和调查建议携带一些治疗腹泻的常见药物。在没有药物的情况下还可以试试以下措施：野外阔叶树的树皮中常含有丹宁酸，而丹宁酸有一定的制止腹泻的作用。将树皮煮两个小时以上，待丹宁酸释放出来后服用，能减缓腹泻。同时茶里面也含有丹宁酸，可以尝试饮茶或者咀嚼茶叶的方式来减缓腹泻。出现腹泻的时候，除了采取措施止泻，还必须注意水分的补充，尤其是淡盐水的摄入，避免出现休克或电解质紊乱。

中毒的典型症状是恶心、呕吐、腹泻、胃疼、心脏衰弱等。野外中毒多由误食有毒的植物和菌类引起。遇到这种情况，首先快速喝大量的水，用指触咽部引起呕吐，之后应立即送医院救治。野外实习和工作需要注意饮用水和食物的安全问题。不要随便饮用野外的山泉水。不要随便食用未知的野菜和菌类。不要随便摘食野果。野外生食的果蔬应该提前清洗干净、单独放置并注意不要被污染。不要食用未煮熟的肉类食物。

6. 中暑和晕厥

野外夏季长时间暴露于日晒以及长时间的活动易发生中暑。中暑的典型症状是突然的头晕和恶心，无汗或湿冷，同时伴随体温的升高，严重者会出现昏迷、甚至瞳孔放大。中暑时常常感到口渴头晕，浑身无力，眼前阵阵发黑。出现上述情况后应立即让患者在阴凉通风处平躺，解开衣裤带，使全身放松休息，再服十滴水、仁丹、藿香正气水等缓解性药物。在有条件的情况下也可以结合毛巾或者湿巾冷敷来散热。如果出现昏迷，可通过按压人中穴、合谷穴的方式来帮助伤者苏醒。如果出现休克需要及时送医。

野外晕厥多是由于过度疲劳、过度饥饿、摔伤等原因造成的。晕厥的典型症状是脸色突然苍白，脉搏微弱而缓慢，失去知觉。如遇疲劳或者饥饿引起的上述症状，不必惊慌，一般片刻休息后会苏醒。醒来后，应适当补充水分或食物。如遇摔伤引起的晕厥需要及时就医。自身低血糖的人员可以随身携带一些高热量的食物，如巧克力、糖果等，在必要的时候及时补充食用。

7. 昆虫叮咬

野外环境易被昆虫叮咬。一旦发生蚊虫叮咬首先要先挤出毒液，然后涂擦消肿止疼的药膏或药水。被蜜蜂或马蜂蜇咬后，如果有毒液囊残留在皮肤里，首先要用尖锐的物件将其拔除，不要用力捏或者挤压毒液囊，之后用肥皂水或洁净的水清洗被叮咬的地方，冷敷伤口并包扎。被蜘蛛或蝎子蜇咬后，首先要吸出或挤出毒素，之后用肥皂水或洁净的水清洗并包扎。被昆虫叮咬后不要抓挠伤口，以防止引起感染。野外实习和工作为了减少昆虫的叮咬，人员应穿着长袖上衣和长裤，扎紧袖口和领口。也可以携带野外登山手套、户外头巾等防护用具。不要随便在潮湿的林下和草地上坐卧。野外人员每天至少检查一次身体，看是否有昆虫叮在身上。如果是易过敏体质的人员，要随身携带防治昆虫叮咬的物品并做好防护工作。

8. 动物咬伤

野外被动物咬伤的概率较低。因为没有办法确定动物是不是携带狂犬病，需要及时注射血清、服药并就医。如果野外被蛇咬伤，行动要缓慢，并且不要恐慌。因为奔跑和恐慌情绪会加速血液循环，从而使身体更快地吸收毒素。首先要弄清楚咬你的是否是毒蛇。如果在两排牙痕的顶端有两个特别粗而深的牙痕，说明是毒蛇所咬；如果仅是成排的细齿状八字形牙痕，说明被无毒蛇所咬。如果无法区分，需要按照毒蛇咬伤急救。无毒蛇咬后无须特殊处理，只需用医用酒精等消毒液体涂搽伤口后包扎即可。如果被有毒蛇所咬，则要尽快用带子在距离伤处15cm作环形结扎，每0.5h放松带子1～2min，同时尽快除去伤口内的毒液。可以用消毒的小刀或刀片把两毒牙痕间的皮肤划开，再用手指挤压的方法去除毒液。紧急情况下也可用嘴直接对伤口吮吸，吸后立即吐出并用清水漱口。但施救者如果口腔内有龋齿，口腔或者嘴唇溃破者，禁用此法，以免施救者中毒。也可用高锰酸钾溶液、冷开水、洁净水大量冲洗伤口，以帮助去除毒汁。去毒完成后，伤口要湿敷以利于毒液流出。同时需要尽早服用蛇药。常见的蛇药包括上海蛇药、季德胜蛇药、蛇伤解毒片等，也建议随身携带。在送医过程中需要抬着伤者，帮助消除病人紧张心理，使其尽可能保持安静。

野外实习和工作时，注意不要将手伸入中空的原木或者浓密的草堆中，也不要随意翻动石块。当跨过石块或木头等物时，应该时刻防备另一侧是否有毒蛇栖息。野外露营时应选择空旷而干燥的地带，避免在杂物堆旁扎营。夏季的夜晚应在营帐外升起营火或火炬。不要随便在茂密潮湿的草地上躺卧。如果需要到茂密林间做调查工作，最好使用绑腿等防护具。毒蛇的头多呈三角形，颈部较细，尾部短粗，色斑较艳。毒蛇攻击人类时嘴巴张得很大，牙齿也较长。了解上述的常识，也能帮助预防被蛇咬伤。

9. 窒息

野外窒息多由昆虫叮咬、植物或其他东西过敏引起。如误食乌头属的植物，这类植物体内含有的乌头碱容易引起窒息。窒息的典型症状是呼吸困难，大口喘气；颈部前面的肌肉明显凸出。严重者会呼吸微弱，感觉不到有气体从口腔或鼻腔进出。同时皮肤青紫，嘴唇、耳朵、手指周围的皮肤明显变青或者苍白。一旦发生窒息，首先要抬高患者头颈部、最大程度伸展下巴强迫患者呼吸。认真查看喉部是否有异物，清理呼吸道。之后采用腹部推挤的方法帮助其恢复呼吸。施助者站到患者的身后，用双臂环抱住他的腰部，双手抱拳，把拳头拇指所在的一边放在患者胸骨最底端和肚脐之间，压住患者胸部，然后快速向上推挤。如果需要，重复进行这个动作。一旦呼吸不通畅，应立即就医。

10. 休克

野外休克多是一个症状或者一系列症状的综合表现。这些症状使得体内血液流通不足，身体通过自身调节补偿这个不足。尽管导致休克的伤害可能并不严重，如果休克得不到正确医治可能会导致死亡。休克早期的典型症状是皮肤苍白；脉搏快速跳动；四肢发冷；干渴；嘴唇干裂。严重的休克会产生以下症状：快速而微弱的脉搏，或者没有脉搏；不规则的喘气；瞳孔放大，对光线反应迟钝；出现神志不清等。出现休克症状，应该接受以下治疗以防止或者控制休克。如果患者是清醒的，将他放在一个平整的表面上，下肢抬高 15～20cm。根据需要补充水、热饮或者食物。注意保暖，休息直至不适症状消失。如果患者已经失去了知觉，不要剧烈晃动身体，让患者侧躺或者采用面部朝下，头部歪向一侧的方式平躺，在保持患者体温的情况下快速就医。

附录二　植物学和植物园相关网站及简介

一、中文植物网站类

1. 中国自然博物馆(原名：中国自然标本馆，简称 CFH)：http：//www. nature-museum. net/default. html

检索植物名称、图片；查询植物的科属；亦可上传图片与大家共享，让专家帮助鉴定不认识的植物等。

2. 中国植物图像库(简称 PPBC)：http：//www. plantphoto. cn/

PPBC 是专门系统收集、整理并长效保存植物照片、幻灯片、数码图片的实体库，作为公众获取中国植物图片信息的重要平台，目前已收录图片约 10 万幅。

3. 中国数字植物标本馆(简称 CVH)：http：//www. cvh. org. cn

中国数字植物标本馆(CVH)是一个虚拟的网络平台，为用户提供方便快捷获取中国植物标本及相关植物学信息的平台。

4. 中国植物物种信息数据库：http：//db. kib. ac. cn/eflora/default. aspx

可以在线检索物种在植物志中的详细描述。

5. 中国植物主题数据库：http：//www. plant. csdb. cn

中国科学院数据库网站，提供国内外植物数据研究平台。

6. 《植物分类学报》：http：//www. plantsystematics. com

以植物分类、植物系统发育和进化为核心内容。

7. 爱莲苑：http：//www. ailian. net

介绍水生花卉的培育及品种，有图片介绍。

8. 华南植物研究所：http：//www. scib. ac. cn

中国科学院华南植物研究所植物多样性研究相关动态。

9. 西北植物所植物标本馆：http：//zwbbg. nwsuaf. edu. cn

介绍各种植物标本及交流各种植物研究的信息和技术。

10. 西双版纳热带兰科植物网：http：//www. orchids. com. cn/

包括热带雨林图库、兰科植物图库等。

11. 植物馆：http：//www. kepu. org. cn/gb/lives/plant

介绍植物的分类与进化等知识。

12. 植物界的分类：http：//www. ied. edu. hk/has/bio/dlo/taxon/taxonplt. htm

含苔藓类、蕨类、裸子类和被子类植物的特征，与人类的关系及举例介绍。

13. 大学生野外实习专题网：http：//botany. szu. edu. cn/index. htm

介绍七娘山生物学野外实习。

14. 中国芳香植物网：http：//www. apcn. cn

介绍香草，提供种子种苗、香精香料及精油香薰和芳香疗法等。

15. 中国花卉网：http：//www. china-flower. com. cn

提供花卉种植技术、知识及行业动态等。

16. 中国科学院西双版纳热带植物园信息系统网站：http：//biowest. ac. cn

热带植物科普知识、植物资源开发利用等。

17. 中国科学院武汉植物研究所：http：//www. whiob. ac. cn

植物物种多样性与种质资源研究保存基地。

18. 中国生物多样性信息系统：http：//brim. ibcas. ac. cn

介绍我国植被多样性的情况。

19. 中国西南资源植物数据库：http：//www. swplant. csdb. cn

中国科学院数据库网站，提供国内西南地区植物数据研究信息的平台。

20. 原本山川，极命草木：http：//www. emay. com. cn/

中国民间植物学术网站。

21. 山花浪漫：http：//www. shanhua. org/

22. 西藏植物：http：//www. tibetinfor. com. cn/zt/zt2002002102385319. htm

23. 北京教学植物园：http：//bjjxzwy. bjedu. gov. cn/

直接服务于教育教学的专用植物园。

24. 北京植物园：http：//www. beijingbg. com/

包括植物园信息、植物欣赏、植物园历史、人与植物等。

25. 华南植物园：http：//www. scib. ac. cn/

国家战略资源储备华南基地，全国最大南亚热带植物园。

26. 南京中山植物园：http：//www. cnbg. net/

中国第一座国立植物园，建于1929年，前身是中山先生纪念植物园。

27. 秦岭国家植物园：http：//www. qinlingbg. com/

提供简介、科学研究、机构设置等。

28. 深圳仙湖植物园：http：//www. szbg. ac. cn/

29. 台湾植物药园：http：//www. virtue. com. tw

栽培药用植物，可供自然教学。

30. 西双版纳植物园：http：//www. xtbg. ac. cn/

介绍植物园的特色及那里的风土人情。

31. 中国科学院华西亚高山植物园：http：//eco. ibcas. ac. cn/huaxi/default_ gb. asp

32. 花卉图片信息网：http：//www. fpcn. net/index. html

徐晔春老师办的网站，关于园林花卉的很多资料。

二、英文植物网站类

1. The Plant List：http：//www. theplantlist. org/

一个非常好用的查询植物拉丁学名的国际权威网站；该网站会反馈给用户某个植物拉丁名是被认可的接收名还是被处理掉的异名，该网站整合了多项权威数据库（包括美国密苏里植物园 Tropicos，及英国 KEW 皇家植物园植物名录等）。

2. RHS Horticultural Database（英国皇家园艺协会园艺植物数据库）：http：//

apps. rhs. org. uk/horticulturaldatabase/index. asp

基本上能查到所有常见栽培植物的合法拉丁名，包括品种名。

3. International Plant Names Index（IPNI）：http：//www. ipni. org/ipni/plantnamesearch-page. do

与 Plant List 基本功能相同，但 the Plant List 使用更便利一些。

4. Pacific Bulb Society（太平洋球根植物协会）：http：//www. pacificbulbsociety. org/

关于球根植物的超强大网站，许多球根植物都可以在上面检索到。

5. Flora of China（简称 FOC）：http：//www. efloras. org/flora_ page. aspx？flora_ id =2

中国植物志的英文版，经过一些后加工，相比中文版更权威更可靠一些。

6. Botany Photo of the Day（简称 BPotD）：http：//www. botanicalgarden. ubc. ca/potd/

加拿大英属哥伦比亚大学论坛，有非常多的植物咨询和种类介绍。

7. Top Tropicals：http：//toptropicals. com/index. htm

一个专门介绍全球热带花卉的网站，图文并茂。

8. Asian Flora：http：//www. asianflora. com/

专门介绍亚洲各国开花植物的网站，图片非常多。

9. Tropical Plant Guides：http：//fm2. fieldmuseum. org/plantguides/default. asp

相当好的网站，可以下载 PDF 格式的电子图鉴。

10. Dave's Garden：http：//davesgarden. com/

可以查到许多植物的栽培习性和其他有用信息，如可以查拉丁词的英文解释。（http：//davesgarden. com/guides/botanary/）

11. Vascular Plant Image Library（维管植物图片库）：http：//www. csdl. tamu. edu/flora/gallery. htm

12. 德国 ThomasSchoepke 植物分类图片网：http：//www. plant-pictures. com/

13. Dictionary of Botanical Epithets（植物名称辞典）：http：//www. winternet. com/-chuckg/dictionary. html

14. 美国农业部植物数据库：http：//plants. usda. gov/

15. Plant Journal（植物期刊网）：http：//www. blackwell-science. com/product/journals/tpj. htm

16. 植物通 http：//www. plant. ac. cn/plant/

17. 植物解剖学：http：//www. uri. edu/artsci/bio/plant-anatomy/

18. 在线植物学教程：http：//www. biologie. uni-hamburg. de/b-online/eoo/contents. htm

19.《植物学》网上教学系统：http：//www. imau. edu. cn/shengtai/xxx/index. htm

20. 植物学辞典：http：//www. gardenweb. com/glossary

21. 植物图像：http：//www. botany. wisc. edu/

22. 水生植物、湿地植物和入侵植物数据库：http：//aquatl. ifas. ufl. edu. search80/NetAns2/

23. 全球植物名称索引：http：//www. ipni. org

是一个包括所有种子植物学名和相关参考书目的数据库。

24. 密苏里植物园数据库：http：//www. mobot. org/MOBOT/Rresearch/alldb. shtml

给出了世界许多地区的全部或部分植物志。

附录三　植物学相关论坛及博客简介

一、植物学论坛类

1. 友多网论坛：http：//www. youduo. com/forum/index. php？ gid = 1018

由周小林、殷洁等高山野生花卉爱好者组办的网站，有许多精美的高山植物图片。

2. 踏花行论坛：http：//www. tahua. net/bbs/

全国花友论坛，有很多人注册和关注。

3. 仙人掌园：http：//www. xrzy. net/forum. php

多肉植物论坛，可以查阅到许多有关多肉植物的知识。

4. 山林植物论坛：http：//plant. nature - china. net/bbs/

几位植物学爱好者组织的一个植物工作室，以介绍北京地区植物为主。

5. 植物论坛：http：//www. plantbbs. com

提供食虫植物、紫罗兰、兰花等植物论坛、心得及图片分享。

二、植物学博客类

1. 少年狂草堂(作者：未名春草)：http：//bd1560. blog. 163. com/blog/static/831637200801651445840/

《春草花园》是本博最大亮点，其中所有摄影和说明均为博主原创，数量多、图片美、内容可信度高，深受广大植物学爱好者好评。

2. 老蒋的 BLOG(作者：老蒋)：http：//blog. sina. com. cn/u/1308209791

涉及动、植物两界，虽为非专业人士，但让专业人士钦佩不已。

3. 吴奈植物花谱(作者：吴奈)：http：//blog. sina. com. cn/plantphoto

植物图片高清精美。

4. 小数码植物摄影的博客(作者：小数码植物摄影)：http：//blog. sina. com. cn/u/1654383595

一位狂热的植物爱好者。

5. 来看此花时(作者：来看此花)：http：//blog. sina. com. cn/u/1832236797

以新加坡热带园林植物为特色，图片精美，部分物种新奇罕见。

6. 射手宝瓶的博客(作者：宝瓶)：http：//blog. sina. com. cn/u/1689595402

一位花园设计师的博客，带你足不出户逛国外花园及画展。

7. 谛听自然，行摄芳菲(作者：花影流光)：http：//blog. sina. com. cn/allflower

花卉爱好者拍摄的美丽植物。

8. momo 的花花世界(作者：momo)：http：//blog. sina. com. cn/njmo

集中展示丰富多彩的园林观赏植物。

9. 美丽世界(作者：潇潇)http：//blog. sina. com. cn/spoiltcat

以华南植物园植物及南方植物为特色。

10. 殷洁的博客(作者：殷洁)http：//blog. sina. com. cn/u/1607797027

一位高山花卉爱好者，多年行摄于横断山区，向世界传播并分享着高山花卉的美丽。

11. Michael's(作者：Michael)：http：//blog. sina. com. cn/u/1523603824

以香港植物，尤其是当地兰科植物为特色，图片精美。

12. 四季豆的博客(作者：四季豆)：http：//blog. sina. com. cn/u/1614827734

以华南园林植物为主要特色。

13. gzxmq 的博客：http：//blog. 163. com/gzxmq@ 126/

主要介绍南方的热带花卉，有许多稀有植物。

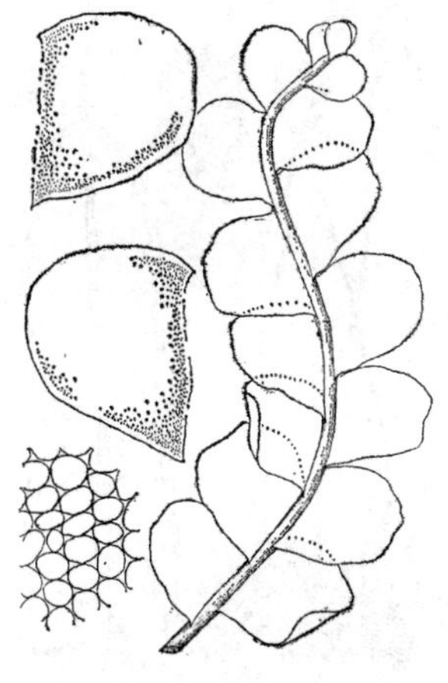

图1　叶苔

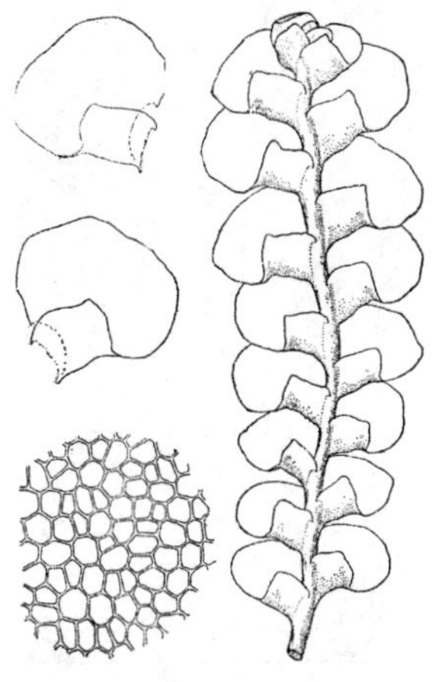

图2　扁萼苔

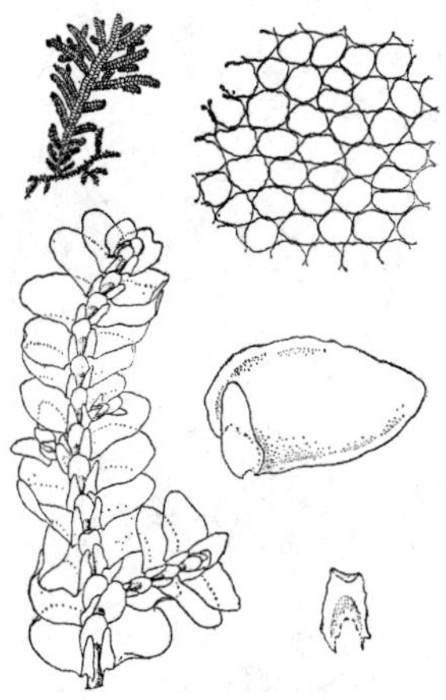

图3　北亚光萼苔

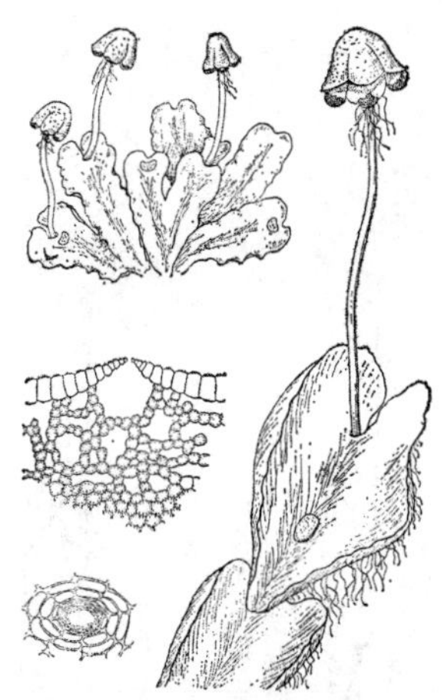

图4　石地钱

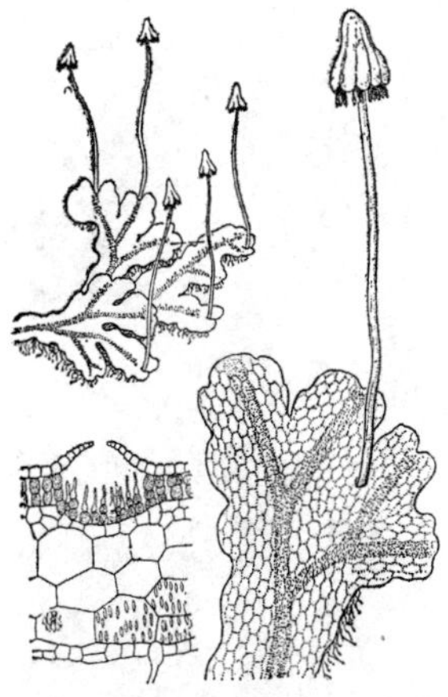

图5　蛇苔

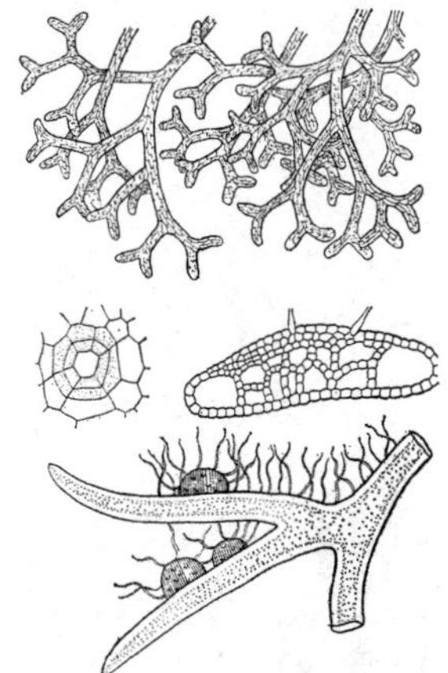

图6　叉钱苔

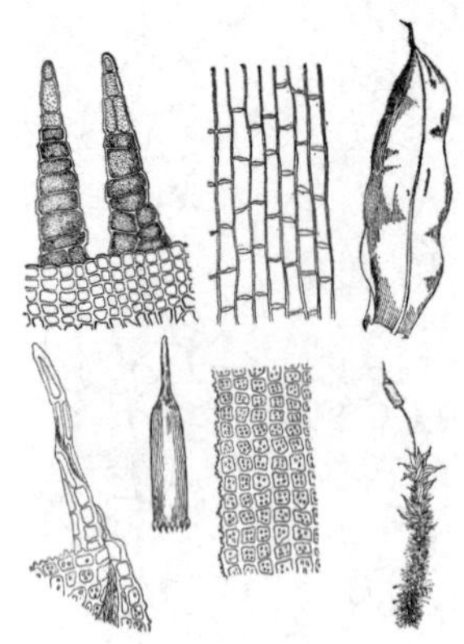

图7 裂瓣大帽藓

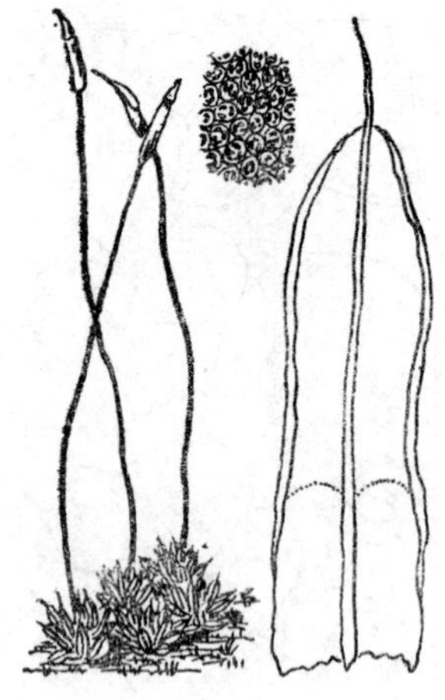

图8 墙藓

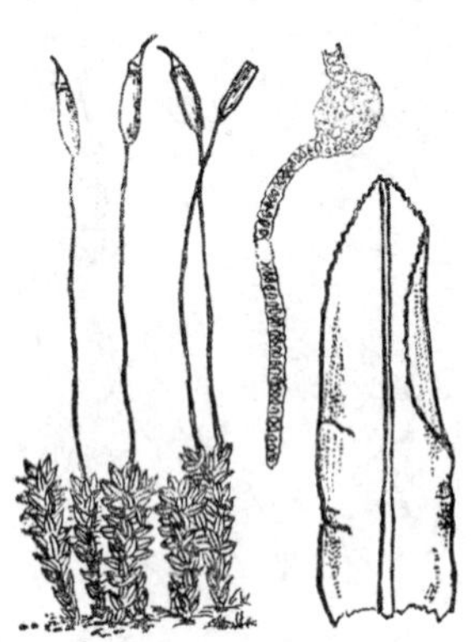

图9 卷叶湿地藓

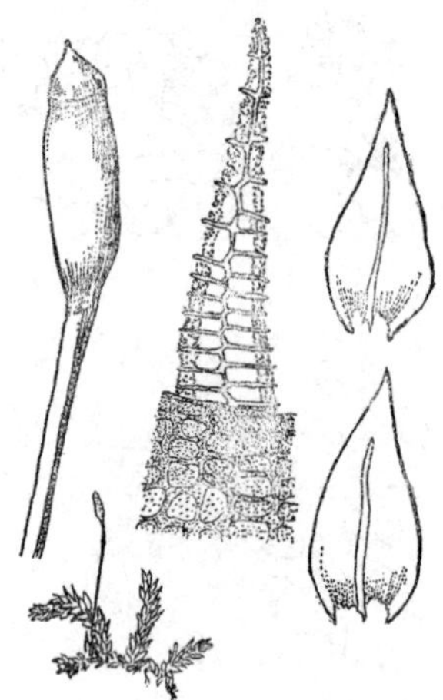

图10 中华细枝藓

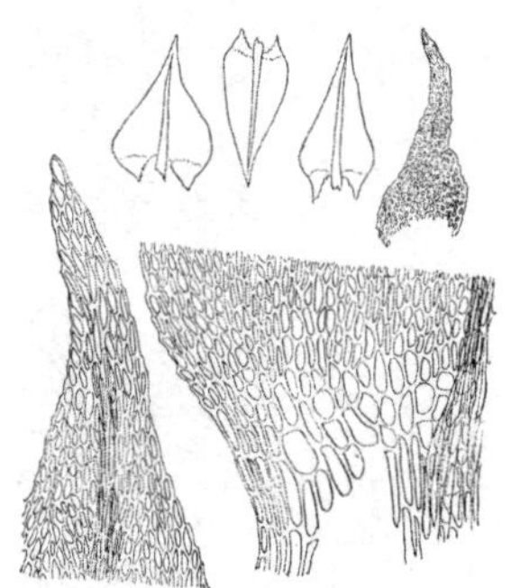

图11 牛角藓

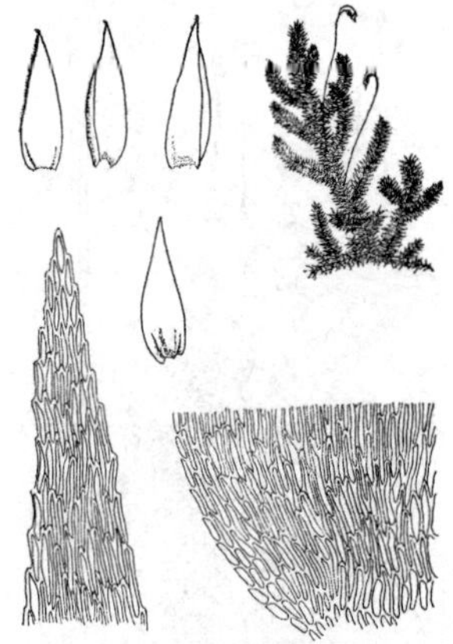

图12 鳞叶藓

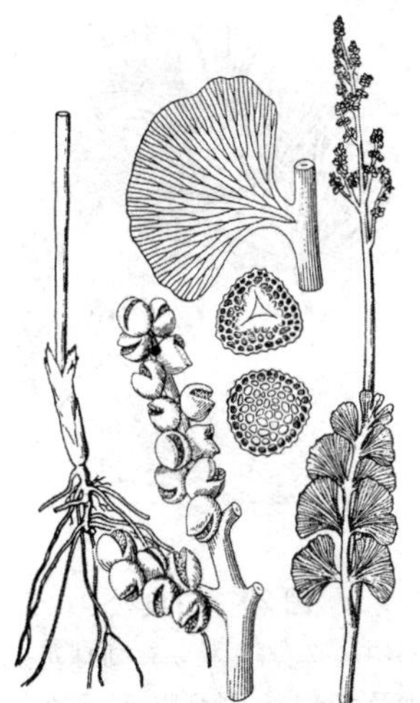
图 13　小阴地蕨

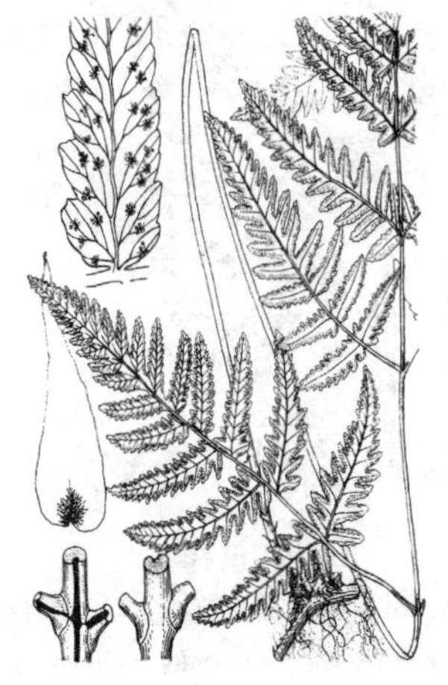
图 14　羽节蕨

图 15　过山蕨

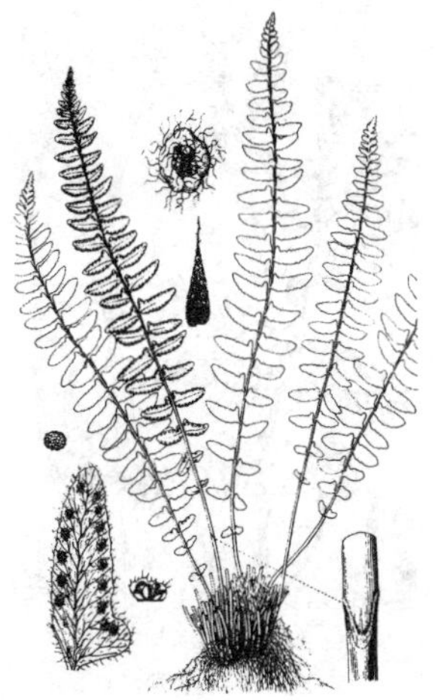
图 16　耳羽岩蕨

图 17　华北鳞毛蕨

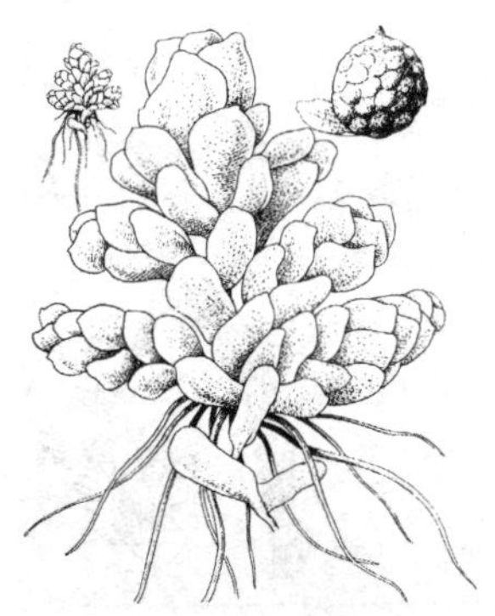
图 18　满江红

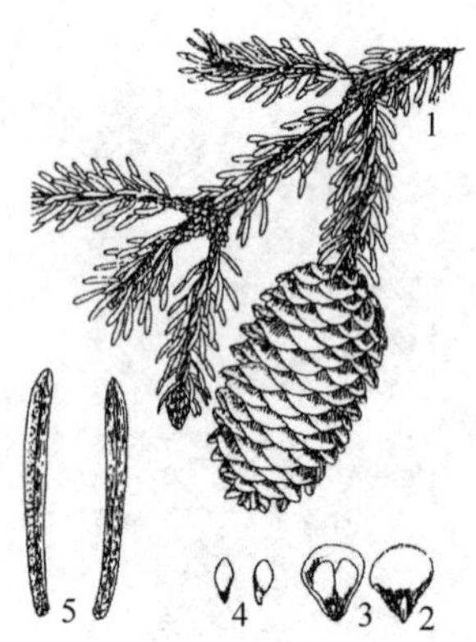

图19 白杄

1. 球果枝 2. 种鳞背面及苞鳞 3. 钟鳞腹面
4. 种子背、腹面 5. 叶的上、下面

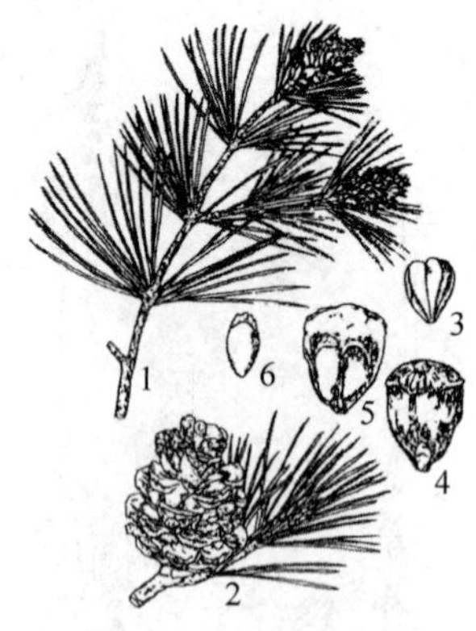

图20 白皮松

1. 雄球花枝 2. 球果枝 3. 雄球花枝之苞片
4. 钟鳞背面及苞鳞 5. 种鳞腹面(示种子) 6. 种子

图21 水杉

1. 球果枝 2. 球果 3. 种子 4. 雄球花枝
5. 雄球花 6、7. 雄蕊背、腹面

图22 银白杨

1. 叶枝 2. 雄花序 3. 雄花

图23 山杨

1. 果序枝 2. 雌花和苞片

图24 加拿大杨

1. 叶枝 2. 雌花 3. 雌花苞片
4. 雄花 5. 雄花苞片

图 25 旱柳

1. 叶枝 2. 叶 3. 雄花花序 4. 雄花 5. 雌花

图 26 枫杨

1. 花枝 2. 果穗 3. 冬态小枝 4. 翅果 5. 雄花 6. 雌花 7. 雌花和苞片

图 27 白桦

1. 果枝 2. 坚果 3. 果苞 4. 叶形

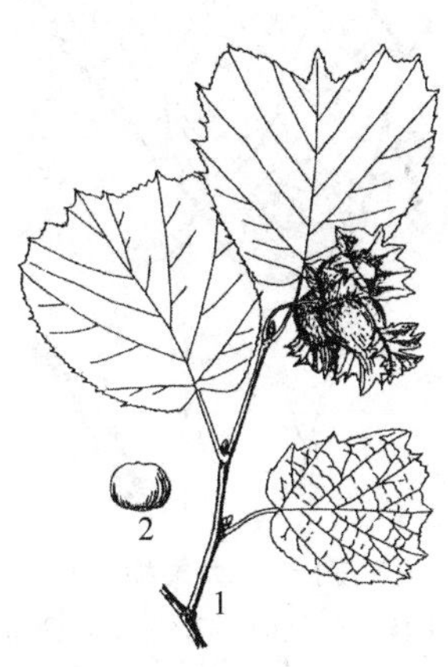

图 28 榛

1. 果枝 2. 坚果

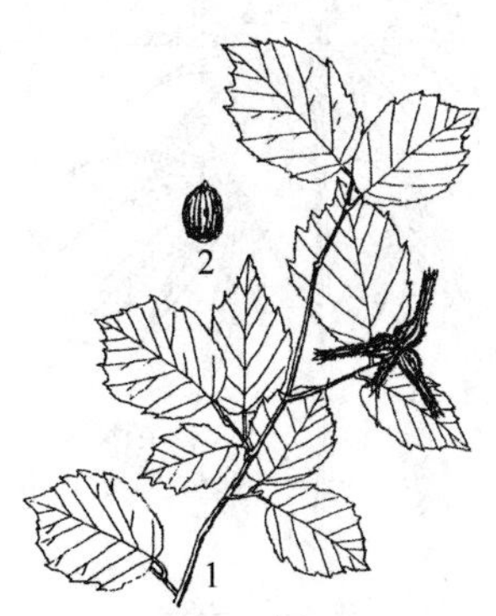

图 29 毛榛

1. 果枝 2. 榛果

图 30 栓皮栎

1. 果枝 2. 部分叶背面示毛

图 31 麻栎

图 32 槲栎

图 33 大果榆

1. 果枝 2. 枝的一部分(示木栓翅)

图 34 刺榆

1. 果枝 2. 枝刺 3. 坚果

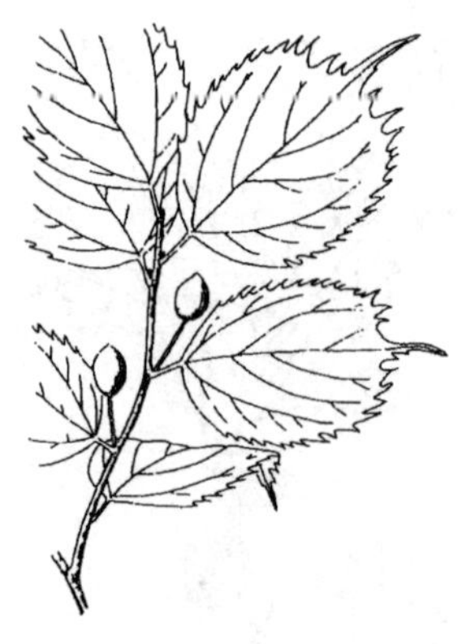

图 35 大叶朴

图 36 大麻

1. 雄株上部 2. 雄花 3. 雌花

4. 宿存苞片包着瘦果 5. 瘦果

图 37　葎草

1. 雄花枝　2. 雌花枝　3. 雄花　4. 雌花　5. 瘦果

图 38　桑

1. 雄花枝　2. 雌花枝　3. 雌花　4. 雄花　5. 叶

图 39　蒙桑

1. 果枝　2. 叶部分放大　3. 雌花

图 40　透茎冷水花

1. 植株　2. 雄花　3. 雌花　4. 果实

图 41　红蓼

1. 植株上部　2. 节部(放大)　3. 花　4. 展开的花被(示雄蕊)　5. 花药　6. 雌蕊　7. 瘦果

图 42　酸模叶蓼

1. 植株上部　2. 花　3. 展开的花被(示雄蕊)

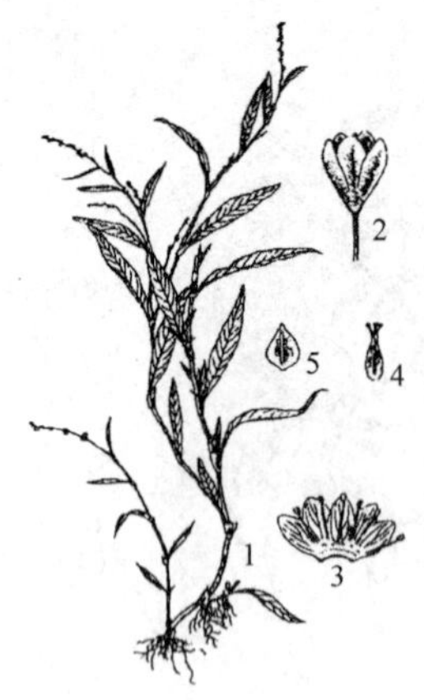

图 43　水蓼

1. 植株　2. 花　3. 展开的花被(示雄蕊)
4. 雌花　5. 瘦果

图 44　虎杖

1. 植株的一部分　2. 根
3. 花　4. 宿存花被和瘦果

图 45　齿翅蓼

1. 植株的一部分　2. 花被和瘦果　3. 瘦果

图 46　拳蓼

1. 植株　2. 花　3. 展开的花被　4. 瘦果

图 47　酸模

1. 雌株　2. 雄花　3. 花药　4. 雌花　5. 花被片和瘦果

图 48　巴天酸模

1. 叶　2. 花序　3. 花　4. 花被和瘦果　5. 瘦果

图 49 皱叶酸模

1. 植株 2. 花被和瘦果 3. 瘦果

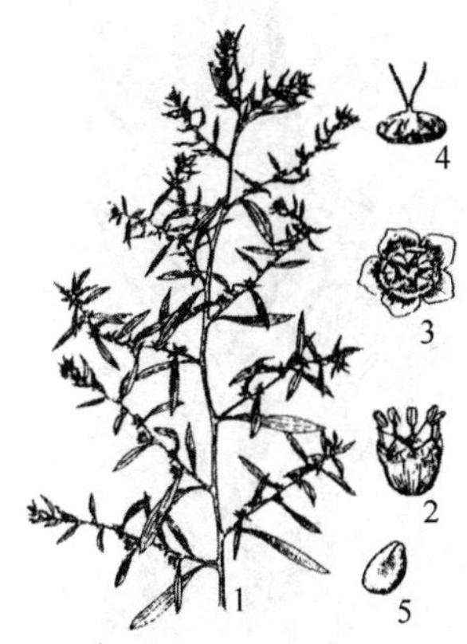

图 50 地肤

1. 植株上部 2. 花 3. 花被和胞果 4. 胞果 5. 种子

图 51 灰绿藜

1. 植株 2. 种子

图 52 小藜

1. 植株 2. 花 3. 胚

图 53 猪毛菜

1. 植株上部 2. 花 3. 花外面的 3 枚苞片
4. 花被和胞果 5. 胞果

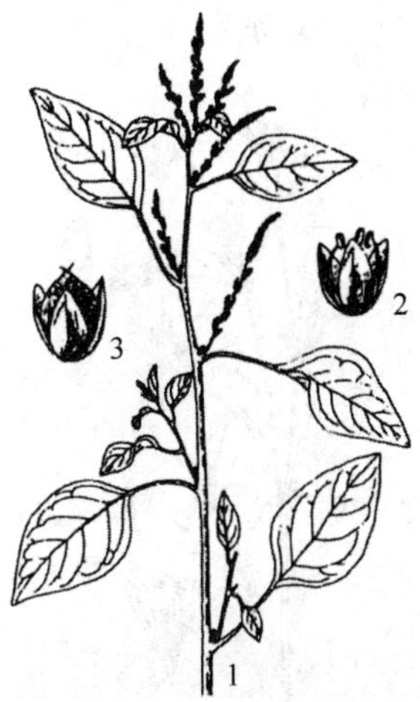

图 54 皱果苋

1. 植株上部 2. 雄花 3. 花被和胞果

图55 苋

1. 植株上部 2. 雄花

3. 雌花 4. 花被片和胞果

图56 牛膝

1. 植株上部 2. 小苞片 3. 花

4. 去掉花被片示雄蕊和雌蕊 5. 果实

图57 繁缕

1. 植株 2. 花 3. 雄蕊 4. 雌蕊

图58 瞿麦

1. 植株 2. 花瓣 3. 雄蕊 4. 雌蕊

图59 石竹

1. 植株上部 2. 花瓣 3. 雄蕊及雌蕊

4. 苞片、萼筒及开裂的蒴果

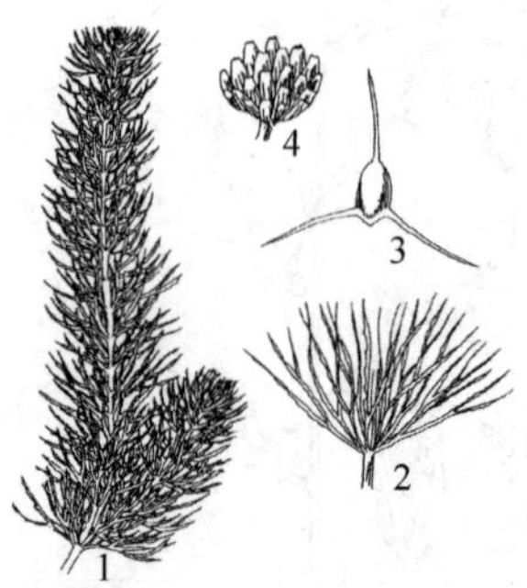

图60 金鱼藻

1. 植株一部分 2. 轮生叶 3. 果实 4. 雄花

图 61 乌头

1. 根块 2. 花序 3. 茎中部叶 4. 花瓣 5. 雄蕊

图 62 华北耧斗菜

图 63 兴安升麻

1. 花序 2. 叶

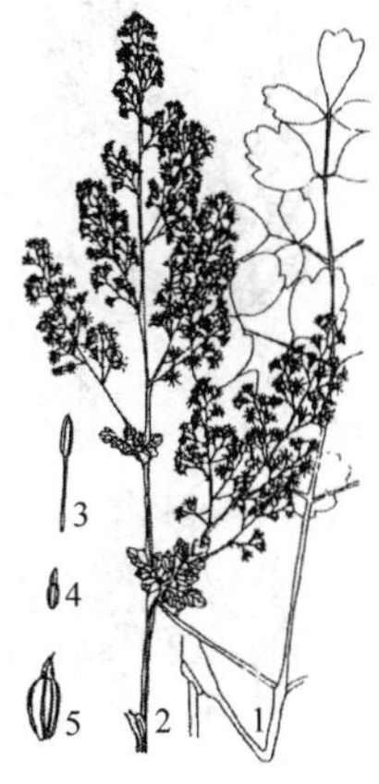

图 64 东亚唐松草

1. 茎生叶 2. 花序 3. 雄蕊 4. 雌蕊 5. 瘦果

图 65 茴茴蒜

1. 植株上部 2. 花瓣 3. 瘦果

图 66 白屈菜

1. 根 2. 植株上部 3. 萼片 4. 花瓣 5. 雄蕊 6. 雌蕊

图 67　碎米荠

1. 植株　2. 花

图 68　诸葛菜

1. 植株上部　2. 花　3. 果实

图 69　沼生蔊菜

1. 植株上部　2. 花　3. 萼片　4. 果实

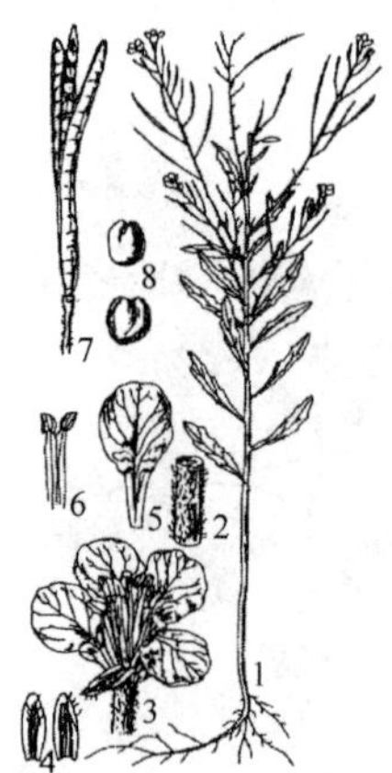

图 70　花旗竿

1. 植株　2. 茎的一段　3. 花　4. 萼片　5. 花瓣（背、腹面观）　6. 长雄蕊　7. 果实　8. 种子

图 71　葶苈

1. 植株　2. 花

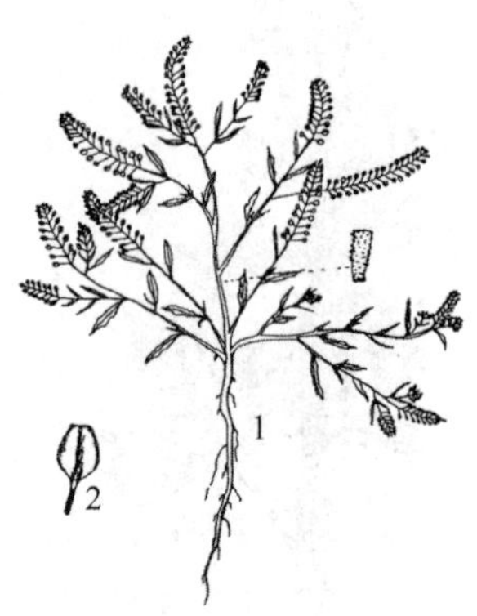

图 72　独行菜

1. 植株　2. 果实

图 73　荠

1. 植株下部　2. 果序　3. 花瓣

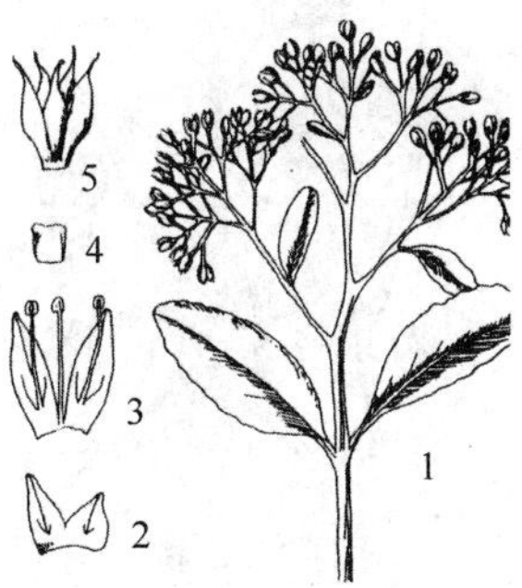

图 74　八宝

1. 花枝　2. 萼片　3. 花瓣及雄蕊　4. 鳞片　5. 蓇葖果

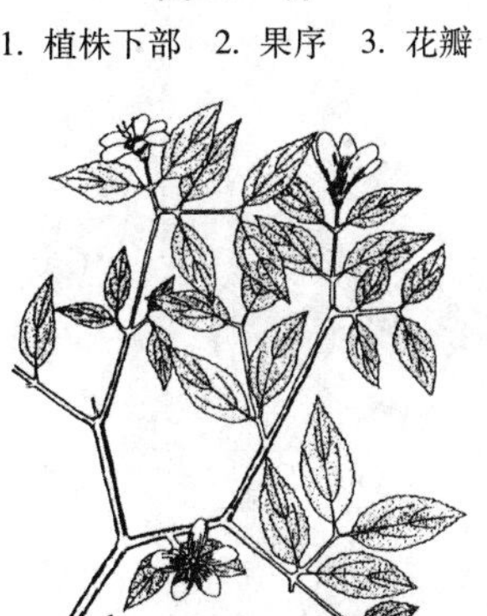

图 75　大花溲疏

1. 花枝　2. 雄蕊　3. 蒴果

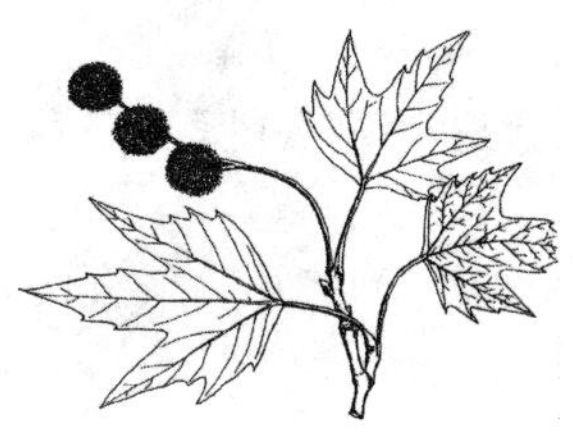

图 76　三球悬铃木

图 77　土庄绣线菊

1. 花枝　2. 花纵切　3. 果实　4. 叶片下面

图 78　山荆子

1. 花枝　2. 果枝　3. 花纵切

4. 雄蕊　5. 果实纵切　6. 果实横切

图79 山桃

1. 花枝 2. 花纵切 3. 果枝 4. 果核

图80 欧李

1. 花枝 2. 花纵切 3. 果枝 4. 果核

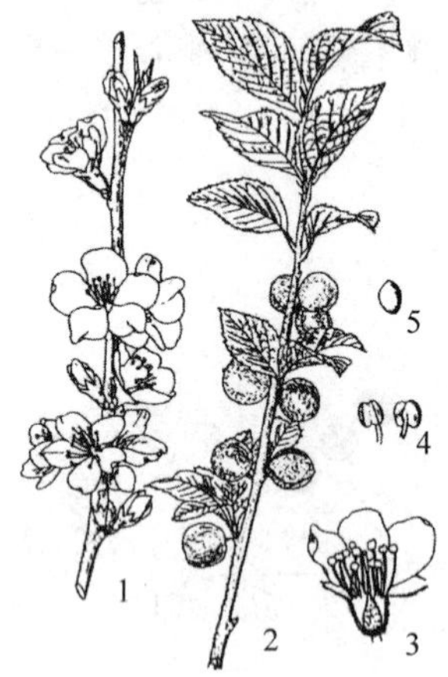

图81 毛樱桃

1. 花枝 2. 果枝 3. 花纵切 4. 雄蕊 5. 果核

图82 翻白委陵菜

1. 植株 2. 花 3. 去掉花冠的花 4. 雄蕊 5. 雌蕊

图83 委陵菜

1. 植株上部 2. 去掉花冠的花

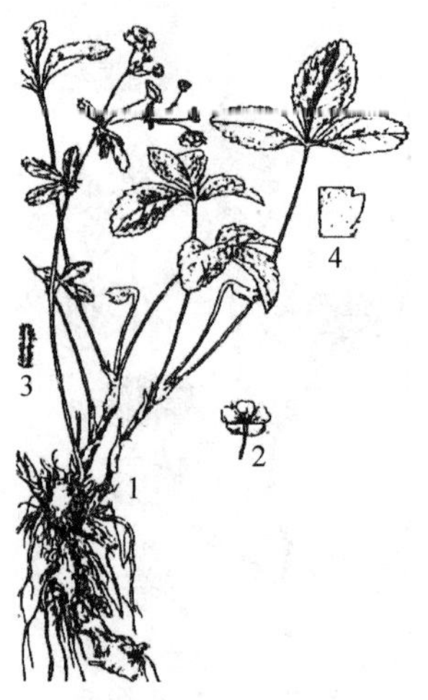

图84 三叶委陵菜

1. 植株 2. 花 3. 茎的一段 4. 叶下面一部分

图 85 野蔷薇

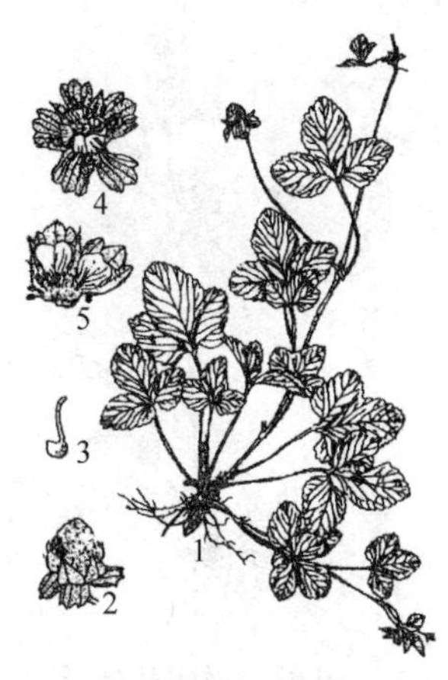

图 86 蛇莓

1. 植株 2. 聚合瘦果 3. 瘦果 4. 花 5. 花部分展开

图 87 合欢

1. 花枝 2. 果枝 3. 花萼 4. 花冠 5. 雌蕊

图 88 紫荆

1. 叶枝 2. 花枝 3. 花 4. 旗瓣、翼瓣、龙骨瓣 5. 去掉花萼、花冠的花 6. 雄蕊 7. 雌蕊 8. 荚果 9. 种子(放大)

图 89 山皂荚

1. 花枝 2. 花 3. 雄蕊 4. 荚果 5. 枝刺

图 90 多花胡枝子

1. 植株上部 2. 花 3. 花萼展开 4. 旗瓣 5. 翼瓣 6. 龙骨瓣 7. 雄蕊 8. 雌蕊

图 91　兴安胡枝子

1. 植株上部　2. 花　3. 旗瓣　4. 翼瓣　5. 龙骨瓣　6. 雄蕊　7. 雌蕊

图 92　鸡眼草

1. 植株上部　2. 花　3. 复叶

图 93　天兰苜蓿

1. 植株下部　2. 花枝　3. 花　4. 旗瓣、翼瓣、龙骨瓣　5. 雄蕊　6. 雌蕊　7. 荚果　8、9. 种子

图 94　白花草木樨

1. 植株上部　2. 花　3. 旗瓣、翼瓣、龙骨瓣　4. 雄蕊　5. 雌蕊　6. 荚果　7. 种子

图 95　葛

1. 花枝　2. 去掉花冠的花　3. 花冠平展的花　4. 荚果　5. 块根

图 96　草木樨状黄耆

1. 植株上部　2. 花　3. 花萼展开　4. 花冠平展　5. 雄蕊　6. 雌蕊　7. 荚果　8. 小叶

图 97　鼠掌老鹳草

1. 植株基部及根　2. 植株上部

图 98　老鹳草

1. 植株的一部分　2. 花　3. 果实

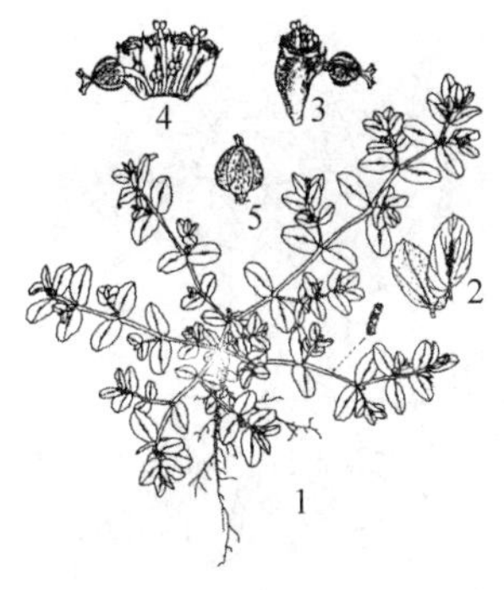

图 99　斑叶地锦

1. 植株　2. 放大的叶　3. 杯状聚伞花序　4. 展开的杯状聚伞花序　5. 蒴果

图 100　大戟

1. 植物地上部分　2. 根　3. 杯状聚伞花序　4. 展开的杯状聚伞花序　5. 展开的杯状总苞　6. 标状总苞内的附属鳞片

图 101　一叶萩

1. 花枝　2. 花　3. 蒴果

图 102　盐肤木

1. 花枝　2. 果枝　3. 雄花　4. 两性花　5. 花去花瓣（示雄蕊、雌蕊）　6. 果实　7. 种子

图 103 黄连木

1. 雄花枝 2. 雌花枝 3. 果枝
4. 雄花 5. 雌花 6. 核果

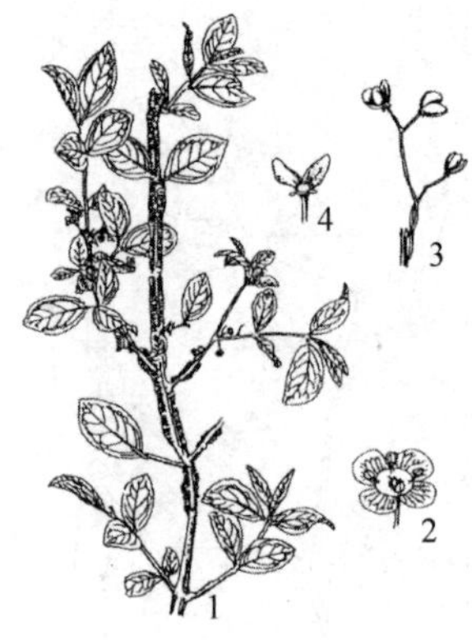

图 104 卫矛

1. 花枝 2. 花 3. 果序 4. 蒴果

图 105 色木槭

1. 花枝 2. 果枝 3. 翅果 4. 雌花
5. 雄花 6. 雄花去花瓣(示花萼及雌蕊)

图 106 元宝槭

1. 花枝 2. 雄花 3. 两性花 4. 果枝 5. 种子

图 107 栾树

1. 花枝 2. 花 3. 果

图 108 酸枣

1. 果枝 2. 花 3. 核果 4. 果核

图 109 锐齿鼠李

1. 果枝 2. 花枝

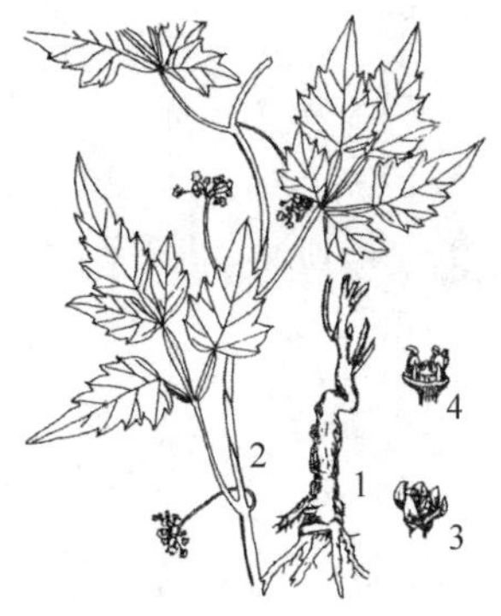

图 110 白蔹

1. 根茎 2. 花枝 3. 花
4. 花去花瓣(示花盘、雄蕊及雌蕊)

图 111 爬山虎

1. 花枝 2. 果枝 3. 花
4. 花药腹背面 5. 雌蕊

图 112 紫椴

1. 花枝 2. 果枝 3. 花

图 113 野葵

图 114 陆地棉

1. 植株的一部分 2. 蒴果

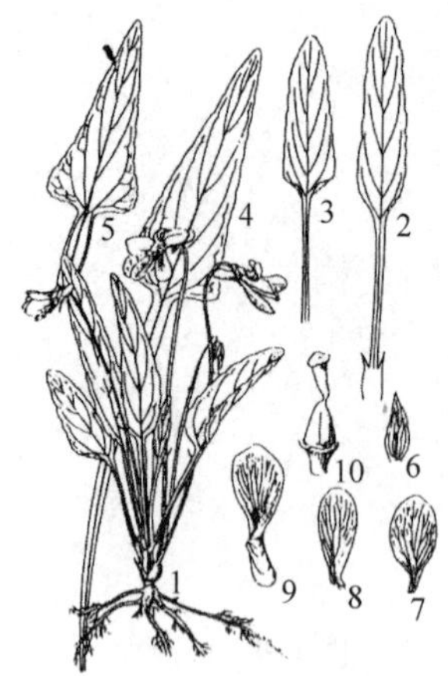

图 115　东北堇菜

1. 花期植株　2、3. 花期叶　4、5. 果期叶
6. 萼片　7. 上瓣　8. 侧瓣　9. 下瓣　10. 雌蕊

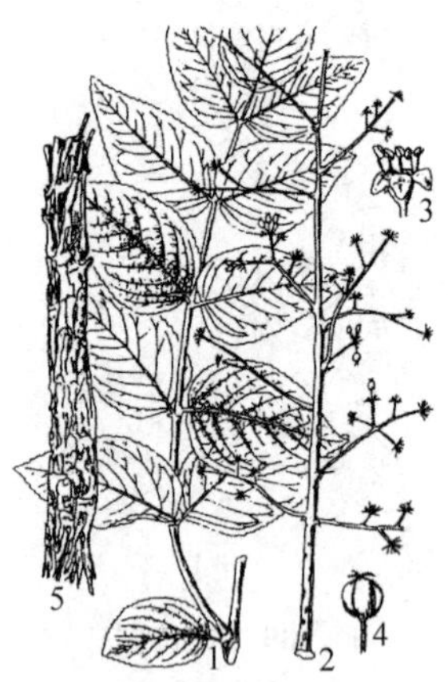

图 116　楤木

1. 羽状复叶　2. 果核　3. 花
4. 果实　5. 一段枝

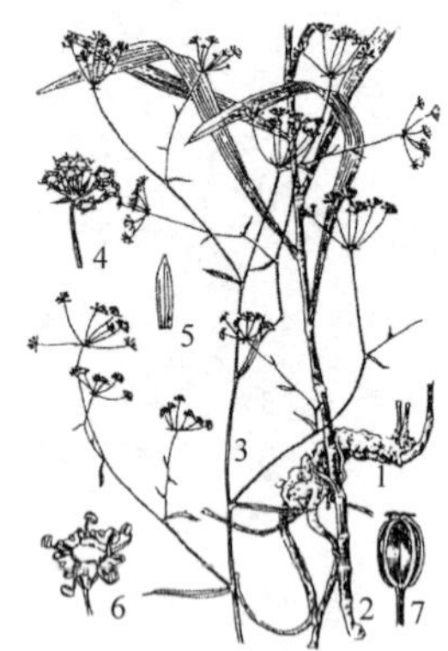

图 117　北柴胡

1. 植株根部　2. 植株中部　3. 植株上部
4. 小伞形花序　5. 小总苞片　6. 花　7. 果实

图 118　变豆菜

1. 植株上部　2. 基生叶　3. 雄花
4. 两性花　5. 果实　6. 分生果横切面

图 119　窃衣

1. 植株　2. 果实

图 120　短毛独活

1. 植株　2. 果实

图 121 水芹

1. 根状茎 2. 植株上部 3. 花 4. 果实
5. 果实横切面 6. 幼苗

图 122 山芹

1. 植株一部分 2. 花序
3. 花 4. 幼果

图 123 拐芹当归

1. 叶 2. 果序 3. 花
4. 果实 5. 分生果横切面

图 124 蛇床

1. 植株上部 2. 小伞形花序 3. 花
4. 果实 5. 分生果横切面

图 125 防风

1. 根 2. 植株的一部分 3. 花序 4. 花
5、6. 果实 7. 果实横切

图 126 红瑞木

1. 果枝 2. 花

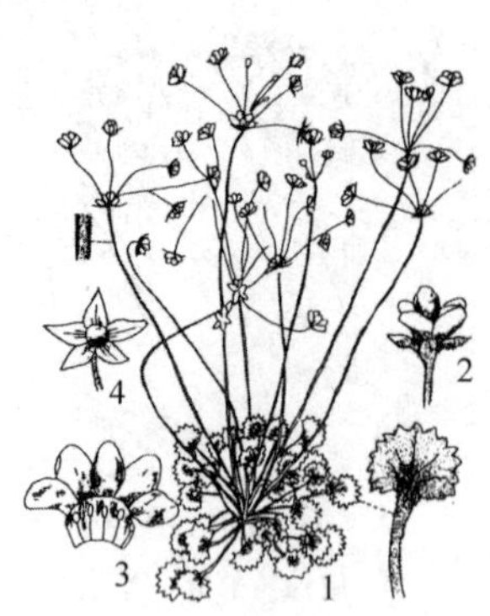

图 127 点地梅

1. 植株 2. 花 3. 花冠展开 4. 果实及花瓣

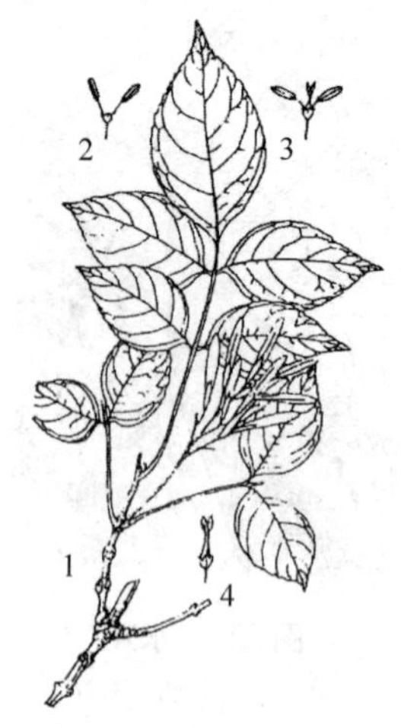

图 128 花曲柳

1. 果枝 2. 雄花 3. 两性花 4. 雌花

图 129 雪柳

1. 果枝 2. 花枝 3. 花 4. 翅果

图 130 连翘

1. 叶枝 2. 花枝 3. 花冠展开 4. 花纵剖 5. 蒴果

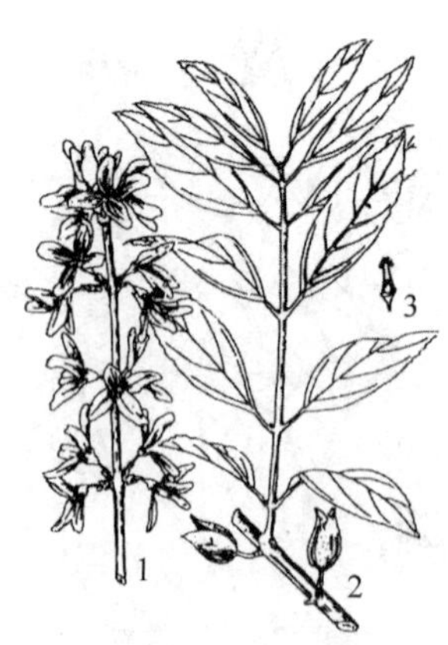

图 131 金钟花

1. 花枝 2. 着果的叶枝 3. 雌蕊与雄蕊

图 132 紫丁香

1. 果枝 2. 蒴果 3. 花 4. 花冠展开(示雄蕊着生)

图133 鹅绒藤

1. 花枝 2. 花 3. 花冠平展 4. 花萼展开 5. 副花冠展开 6. 雌蕊 7. 花粉器 8. 蓇葖果 9. 种子

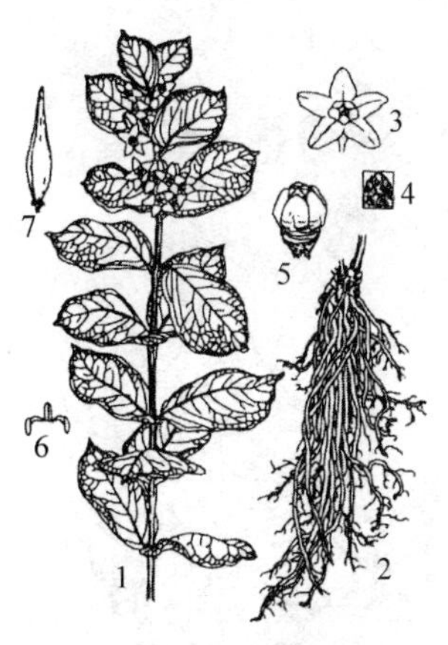

图134 白薇

1. 植株 2. 根 3. 花 4. 放大的部分花冠裂片(示外面被绒毛) 5. 合蕊柱及副花冠 6. 花粉器 7. 蓇葖果

图135 地梢瓜

1. 植株 2. 花 3. 花萼展开 4. 花冠展开 5. 合蕊柱和副花冠 6. 副花冠展开 7. 雄蕊腹面观 8. 雌蕊 9. 花粉器 10. 蓇葖果 11. 种子

图136 裂叶牵牛

1. 植株一部分 2. 果实

图137 藤长苗

1. 植株一部分 2. 茎下部叶 3. 雄蕊 4. 雌蕊

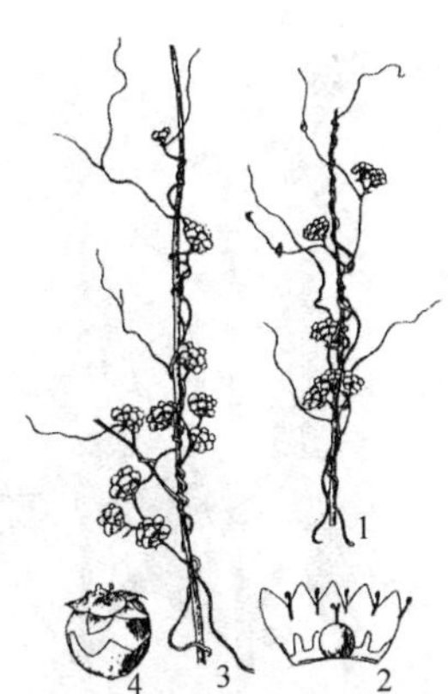

图138 菟丝子

1. 植株一部分(示花序) 2. 展开的花 3. 植株的一部分(示果序) 4. 果实及宿存花冠

图 139　斑种草

1. 植株　2. 花纵切　3. 子房纵切
4. 小坚果腹面观　5. 小坚果侧面观

图 140　附地菜

1. 植株　2. 花　3. 花纵切
4. 除去花冠后花的纵切面　5～7. 小坚果

图 141　白棠子树

1. 花枝　2. 花　3. 果实

图 142　水棘针

1. 植株　2. 花　3. 花萼展开
4. 花冠展开　5. 小坚果

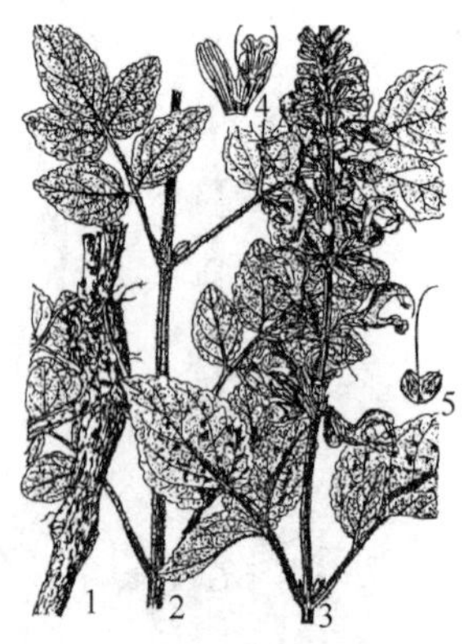

图 143　丹参

1. 根　2. 植株中部　3. 植株上部

图 144　荔枝草

1. 植株下部　2. 植株上部　3. 苞片

图 145 香薷

1. 植株上部 2. 花 3. 花萼展开 4. 花冠展开 5. 雌蕊 6. 小坚果腹面观

图 146 藿香

1. 植株上部 2. 花 3. 花萼展开 4. 花冠展开 5. 雌蕊 6. 小坚果

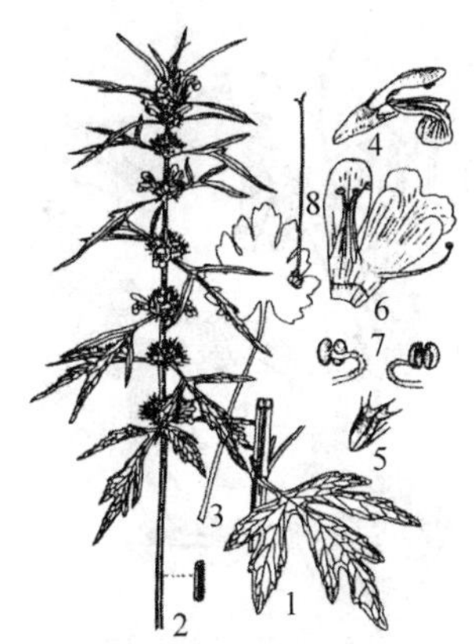

图 147 益母草

1. 茎中部叶 2. 植株上部 3. 基部叶 4. 花 5. 花萼 6. 花冠展开 7. 雄蕊 8. 雌蕊

图 148 水苏

1. 茎基部及根状茎 2. 植株中部 3. 植株上部 4. 花萼展开 5. 花冠展开

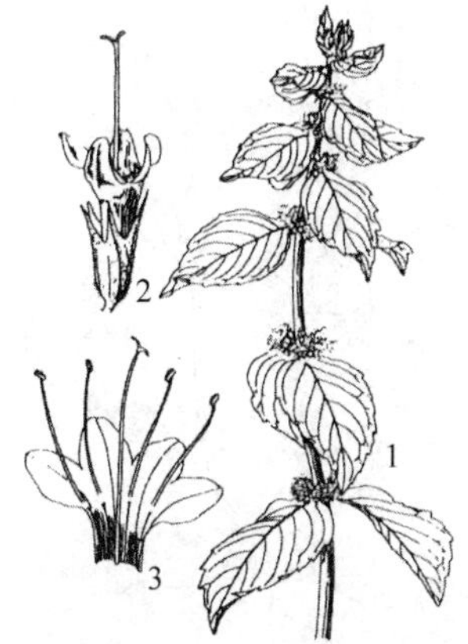

图 149 薄荷

1. 植株上部 2. 花 3. 花冠展开

图 150 野海茄

1. 果枝 2. 花冠剖开(示雄蕊)

图 151 青杞

1. 花枝 2. 花冠展开 3. 果实

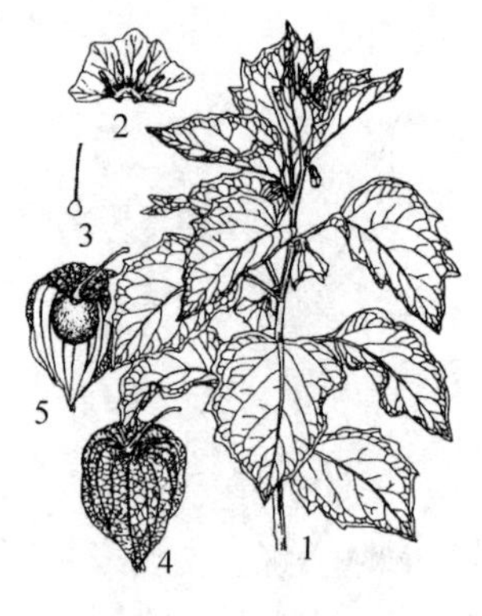

图 152 挂金灯

1. 花枝 2. 展开的花冠(示雄蕊) 3. 雌蕊 4. 包有宿存花萼的浆果 5. 除去部分宿存萼(示浆果)

图 153 小酸浆

图 154 枸杞

1. 花枝 2. 根 3. 展开的花冠示雄蕊 4. 雌蕊 5. 浆果

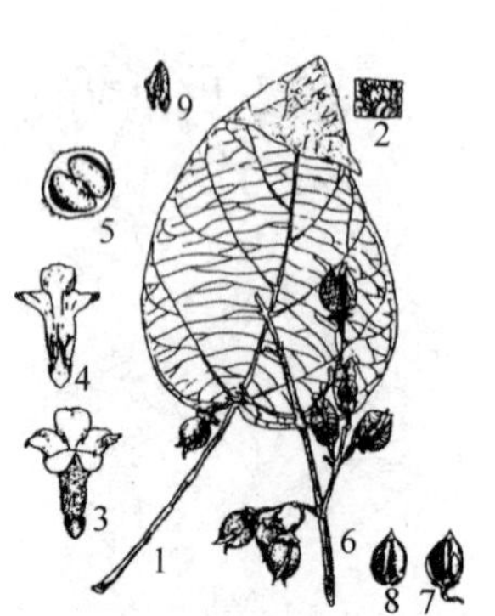

图 155 毛泡桐

1. 叶 2. 叶下面放大(示毛) 3. 花 4. 花纵切 5. 子房横切 6. 果序及果实 7、8. 果瓣 9. 种子

图 156 返顾马先蒿

1. 植株下部 2. 植株上部 3. 花

图 157 松蒿

1. 植株 2. 花萼展开及雌蕊
3. 花冠展开 4. 果实及宿萼

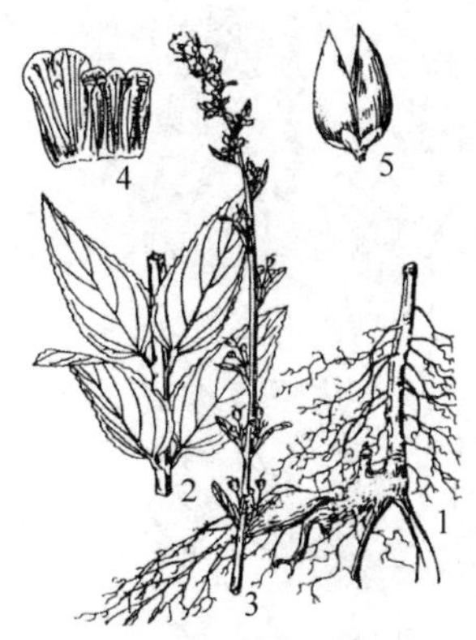

图 158 北玄参

1. 根 2. 茎的一部分 3. 花序
4. 花冠展开 5. 果实

图 159 弹刀子菜

1. 植株 2. 花

图 160 通泉草

1. 植株 2. 花

图 161 细叶婆婆纳

1. 植株下部 2. 植株上部 3. 果实

图 162 凌霄

1. 花枝 2. 花萼及雄蕊 3. 花冠展开(示雄蕊)

图 163 黄金树

1. 花枝 2. 叶 3. 花冠展开(示雄蕊) 4. 花萼展开(示雌蕊) 5. 花药背、腹面 6. 蒴果 7. 种子

图 164 车前

图 165 平车前

1. 植株 2. 花及萼片 3. 苞片 4. 萼片 5. 花冠展开(示雄蕊) 6. 雌蕊 7. 蒴果及宿存苞片、花萼 8. 种子

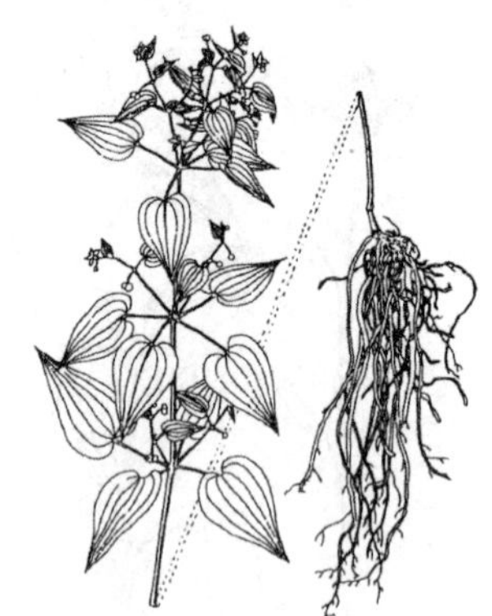

图 166 茜草

图 167 拉拉藤

1. 植株 2. 叶 3. 花 4. 果实

图 168 四叶葎

1. 植株上部 2. 果实

图 169 鸡树条荚蒾

1. 花枝 2. 花 3. 果穗

图 170 锦带花

1. 花枝 2. 花萼展开 3. 花冠展开(示雄蕊) 4. 雌蕊 5. 果枝上的蒴果(已开裂)

图 171 金银忍冬

1. 花枝 2. 花 3. 果实

图 172 败酱

1. 横走茎和基生叶 2. 茎生叶和花序 3. 花 4. 花冠展开 5. 果实

图 173 桔梗

1. 花枝 2. 根 3. 除去花瓣(示花萼、雌蕊及雄蕊) 4. 雄蕊正面观 5. 雄蕊背面观 6. 雄蕊侧面观

图 174 羊乳

1. 花、果枝 2. 根 3. 除去花冠(示花萼、雄蕊、雌蕊、及花盘) 4. 蒴果 5. 种子

图 175 展枝沙参

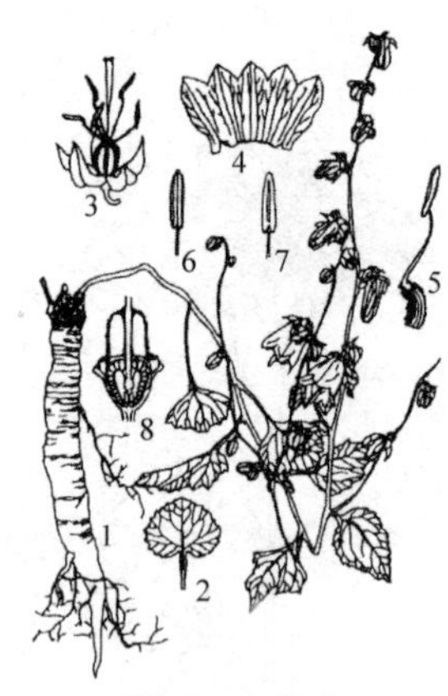

图 176 荠苨

1. 植株 2. 叶片 3. 除去花冠的花(示花萼、雄蕊及雌蕊) 4. 花冠 5. 雄蕊 6. 花药正面观 7. 花药背面观 8. 子房纵剖面

图 177 石沙参

1. 植株 2. 展开的花冠 3. 除去花萼、花冠(示雌、雄蕊) 4. 雌蕊及花盘

图 178 苍耳

1. 花枝 2. 茎叶 3. 苞叶 4. 雌头状花序 5. 雌花(背面) 6. 雌花(侧面) 7. 瘦果 8. 托片 9. 雄花 10. 雄蕊

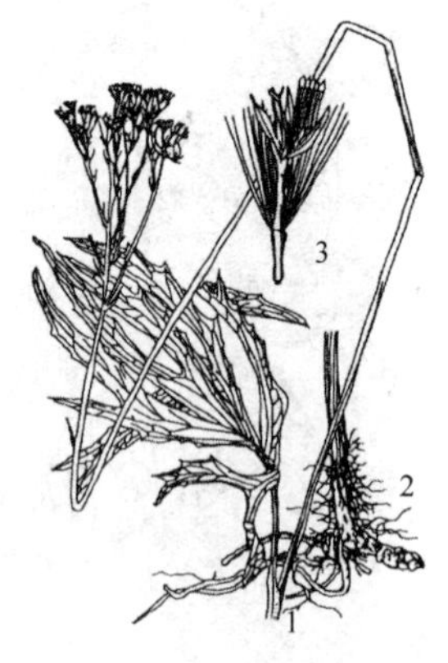

图 179 兔儿伞

1. 植株上部 2. 植株下部及根 3. 管状花

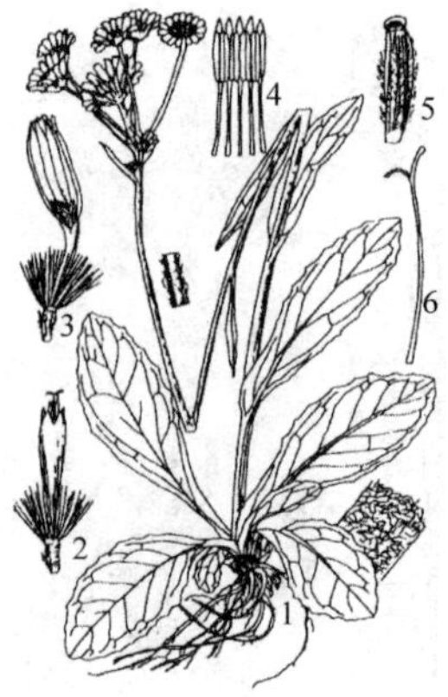

图 180 狗舌草

1. 植株 2. 管状花 3. 舌状花 4. 雄蕊展开

图 181 华北蓝刺头

1. 植株上部 2. 外层苞片 3. 中层苞叶
4. 内层苞片 5. 小头将花序 6. 管状花

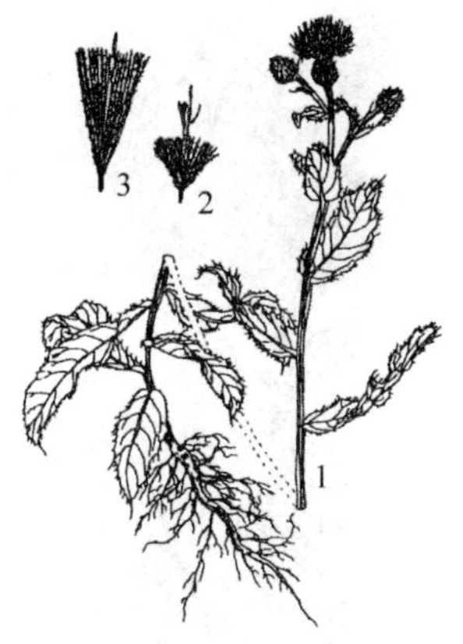

图 182 刺儿菜

1. 雄株 2. 雄花 3. 雌花

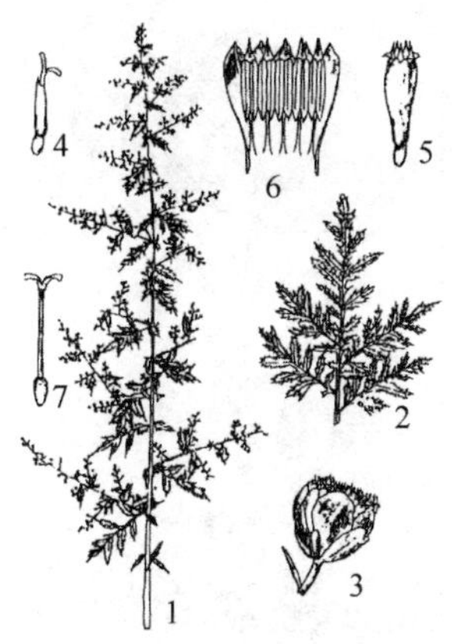

图 183 黄花蒿

1. 花期植株上部 2. 叶 3. 头状花序 4. 雌花
5. 两性花 6. 两性花展开(示雄蕊) 7. 两性花的雄蕊

图 184 白莲蒿

1. 部分花枝 2. 茎中部叶 3. 头状花序

图 185 矮蒿

1. 叶枝 2. 花枝 3. 花期植株近下部叶(放大) 4. 头状花序
5. 苞片 6. 两性花 7. 两性花展开(示雄蕊和雌蕊)

图 186 红足蒿

1. 部分花枝 2. 茎叶部叶
3. 头状花序

图 187　艾蒿

1. 花期植株中上部　2. 茎中部叶　3. 头状花序

图 188　野艾蒿

1. 部分花枝　2. 花期植株中部叶

图 189　牡蒿

1. 植株　2. 头状花序　3. 雌花　4. 两性花　5. 两性花展开的雄蕊　6. 两性花的雌蕊

图 190　香青

1、2. 植株　3. 头状花序　4、5. 外层总苞片　6、7. 中层总苞片　8、9. 内层总苞片

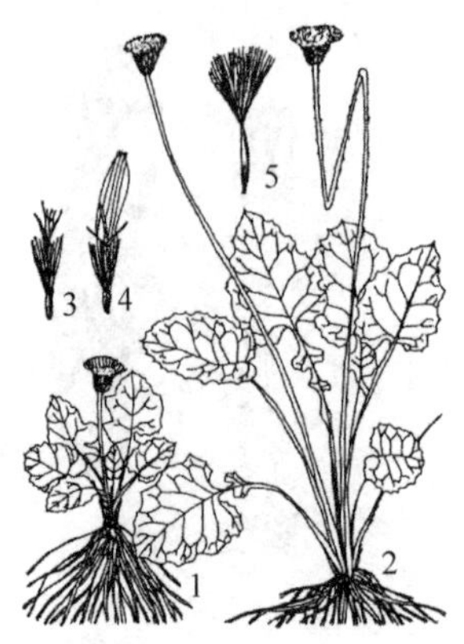

图 191　大丁草

1. 春型植株　2. 秋型植株　3. 筒状花　4. 舌状花　5. 瘦果

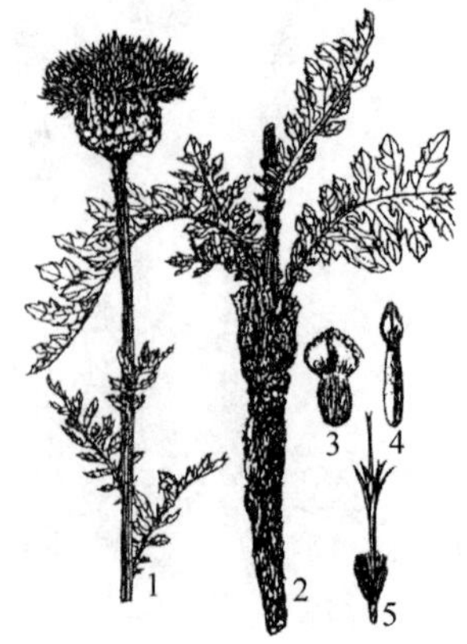

图 192　漏芦

1. 植株上部　2. 植株下部及根　3. 外层总苞片　4. 内层总苞片　5. 管状花

图 193　泥胡菜

1. 植株　2. 外层苞片　3. 内层苞片　4. 管状花　5. 雄蕊　6. 花柱　7. 瘦果及冠毛

图 194　风毛菊

1. 植株上部　2. 植株基部　3. 舌状花　4. 瘦果及冠毛　5. 各层总苞片

图 195　线叶旋覆花

1. 植株　2. 舌状花　3. 管状花　4. 展开的雄蕊

图 196　旋覆花

1. 花枝　2. 外层苞片　3. 中层苞片　4. 内层苞片

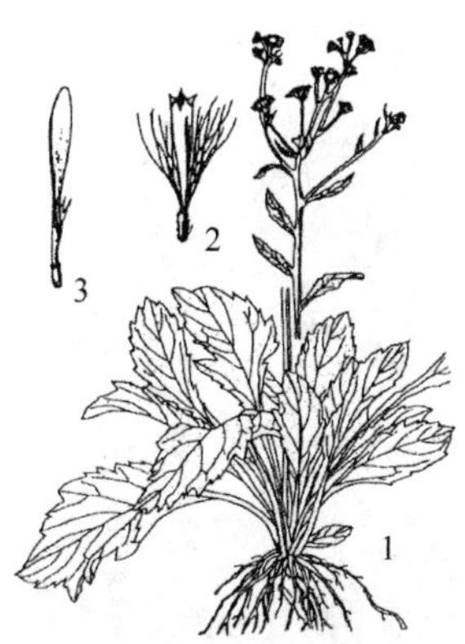

图 197　一年蓬

1. 植株　2. 管状花　3. 舌状花

图 198　女菀

1、2. 植株　3. 舌状花　4. 管状花

图 199 狗娃花

1、2. 植株 3. 舌状花 4. 管状花 5. 叶

图 200 狼把草

1. 植株上部 2. 管状花

图 201 小花鬼针草

1. 植株上部 2. 管状花 3. 瘦果

图 202 腺梗豨莶

1. 植株上部 2. 头状花序

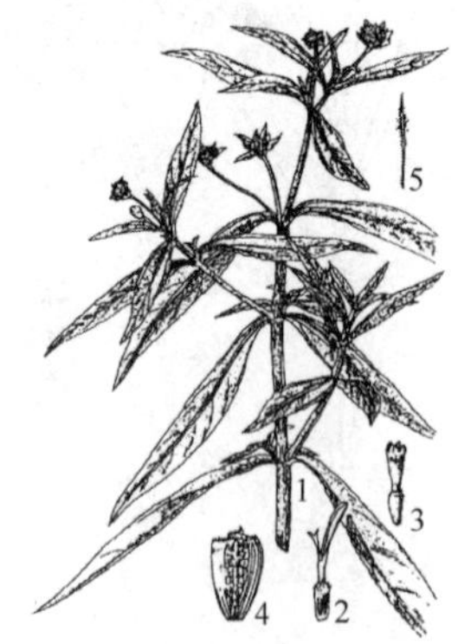

图 203 鳢肠

1. 花枝 2. 舌状花 3. 管状花 4. 瘦果 5. 托片

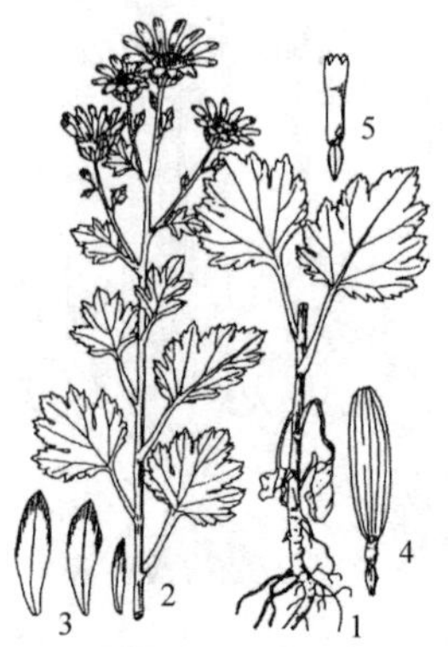

图 204 小红菊

1、2. 植株 3. 总苞片 4. 舌状花 5. 管状花

图 205 全叶马兰

1. 植株 2. 舌状花 3. 管状花

图 206 华北鸦葱

1. 植株下部 2. 植株上部 3. 舌状花 4. 瘦果及冠毛

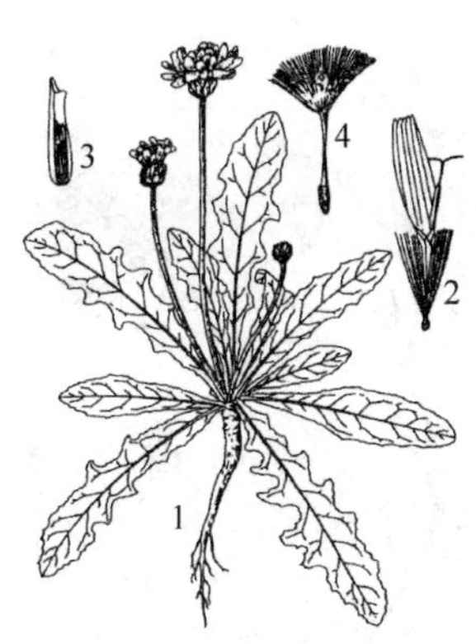

图 207 蒲公英

1. 植株 2. 舌状花 3. 总苞 4. 瘦果及冠毛

图 208 苦苣菜

1. 植株上部 2. 舌状花 3. 瘦果及冠毛

图 209 苦荬菜

1. 植株 2. 舌状花 3. 瘦果及冠毛
4. 柱头及花柱 5. 雄蕊展开

图 210 抱茎苦荬菜

1. 根及基生叶 2. 花枝 3. 外层苞片 4. 内层苞片
5. 舌状花 6. 雄蕊展开

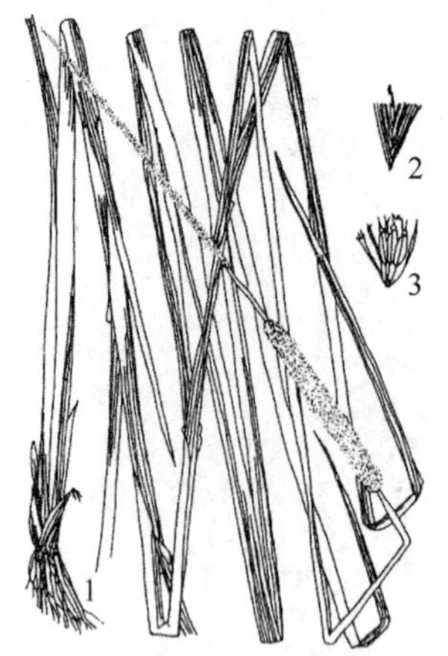

图 211　水烛

1. 植株全形　2. 雌花　3. 雄花

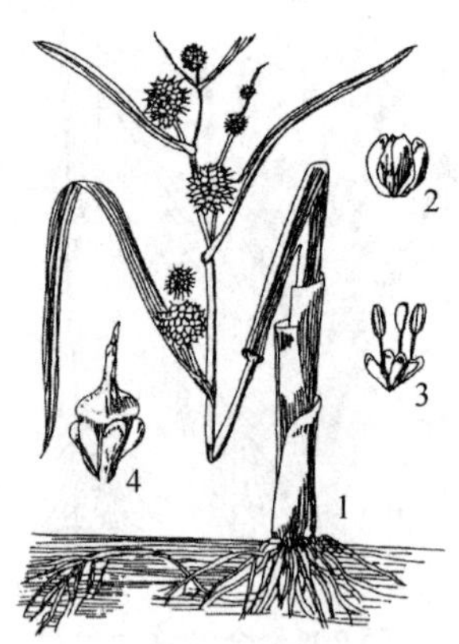

图 212　黑三棱

1. 植株　2、3. 雄花　4. 果实及花被

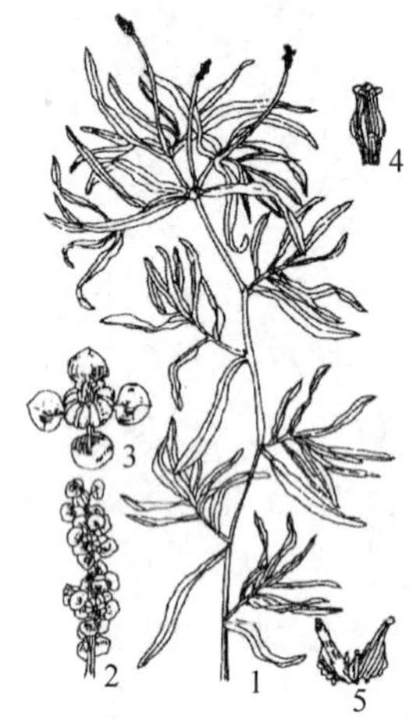

图 213　菹草

1. 植株　2. 花序　3. 花　4. 雌蕊　5. 果实

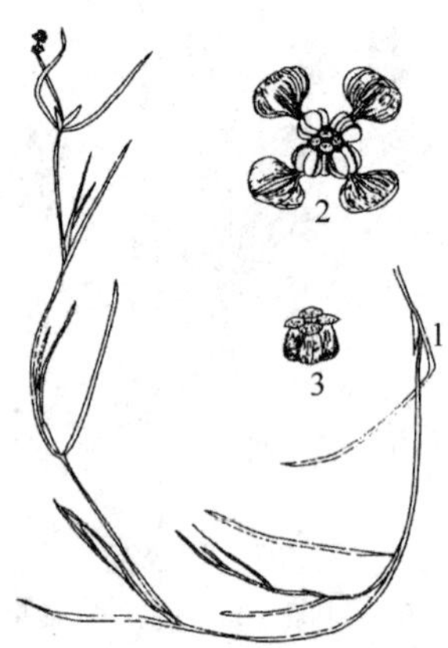

图 214　小眼子菜

1. 植株　2. 花　3. 雌蕊

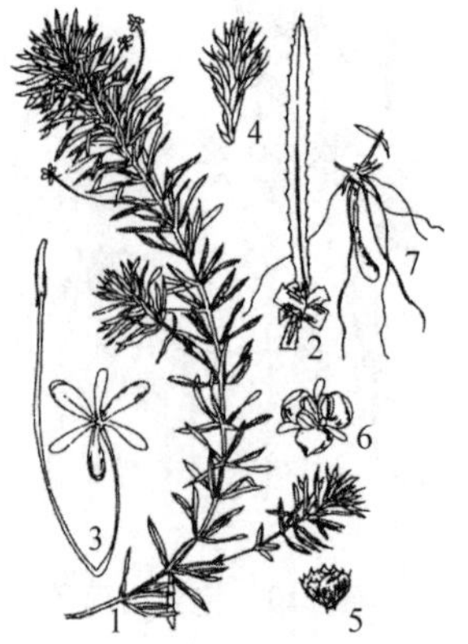

图 215　黑藻

1. 植株　2. 示轮生叶　3. 雌花　4. 萌动的冬芽

5. 在佛焰苞内的雄花蕾　6. 雄花　7. 越冬冬芽

图 216　纤毛鹅观草

1. 植株　2. 小穗　3. 第一颖　4. 第二颖

5. 小花背、腹面

图 217　鹅观草

1. 植株　2. 小穗　3. 第一颖
4. 第二颖　5. 小花背、腹面

图 218　看麦娘

1. 植株　2. 小穗　3. 小花

图 219　菵草

1. 植株　2. 小穗　3. 小花

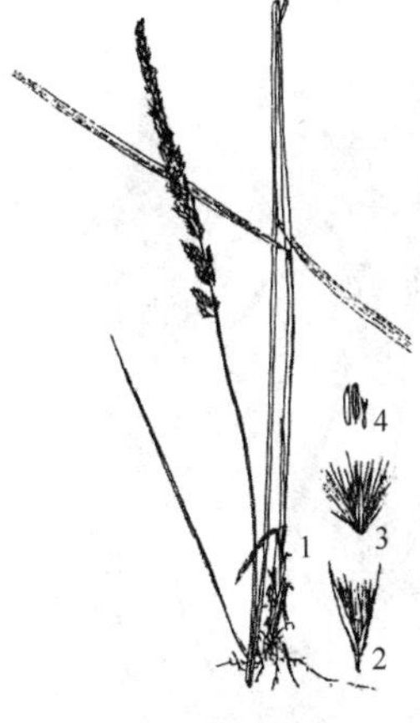

图 220　拂子茅

1. 植株　2. 小穗　3. 小花　4. 内稃、雄蕊和雌蕊

图 221　野青茅

1. 植株　2. 小穗　3. 小花

图 222　京芒草

1. 花序　2. 小穗　3. 第一颖　4. 第二颖　5. 小花
6. 外稃先端　7. 内稃　8. 浆片及未成熟的颖果

图 223 溚草

1. 植株 2. 小穗 3. 小花

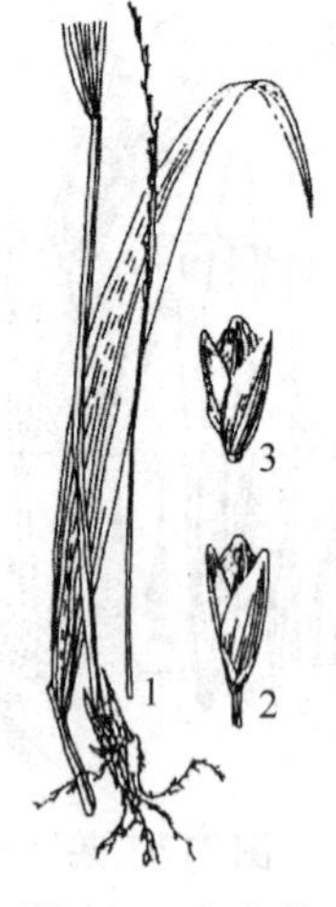

图 224 龙常草

1. 植株 2. 小穗 3. 小花

图 225 芦苇

1~3. 植株 4. 花序分枝 5. 小穗 6. 小花

图 226 草地早熟禾

1. 植株 2. 叶舌 3. 小穗 4. 小花

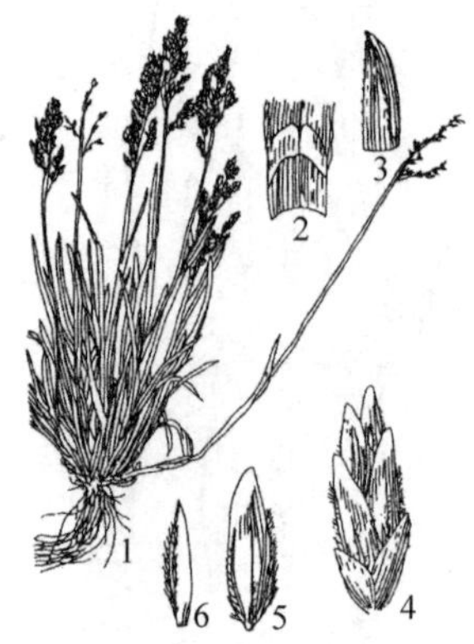

图 227 早熟禾

1. 植株 2. 叶舌 3. 叶片先端

4. 小穗 5. 小花 6. 内稃

图 228 大画眉草

1. 部分叶稍 2. 花序 3 小穗

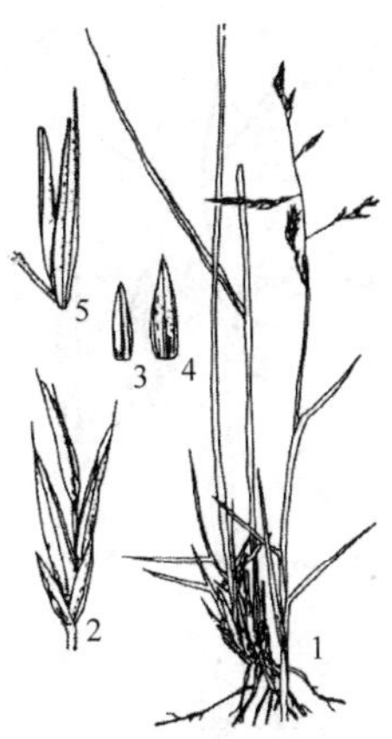

图 229 丛生隐子草

图 230 虎尾草

1. 植株 2. 小穗 3. 小花 4. 颖果

图 231 狗牙根

1. 植株 2. 小穗

图 232 结缕草

1. 植株 2. 小穗 3. 外稃

图 233 野牯草

1. 植株 2. 小穗 3. 第二外稃 4. 第二内稃 5. 第二小花的浆片、雄蕊和雌蕊

图 234 狗尾草

1. 植株 2. 小穗(背面) 3. 小穗(腹面) 4. 谷粒

图 235 狼尾草

1. 植株 2. 小穗和刚毛

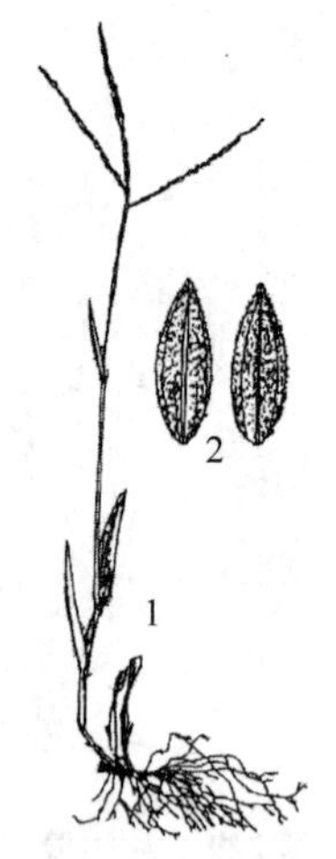

图 236 止血马唐

1. 植株 2. 小穗的背面和腹面

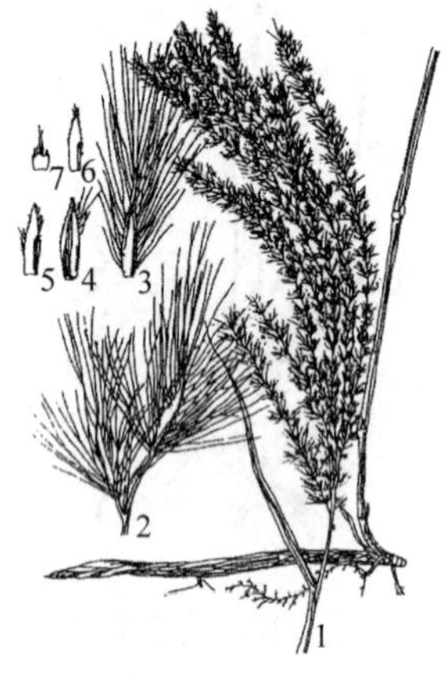

图 237 荻

1. 植株 2. 孪生小穗 3. 第一颖 4. 第二颖

5. 第一外稃 6. 第二外稃 7 第二内稃

图 238 芒

1. 植株 2. 孪生小穗

图 239 黄背草

1. 植株 2. 无柄小穗

图 240 荆三棱

1. 植株 2. 小坚果及下位刚毛

图 241　碎米莎草

1. 植株　2. 小穗　3. 鳞片　4. 雄蕊　5. 小坚果

图 242　翼果薹

1. 植株　2. 鳞片　3. 果囊　4. 小坚果

图 243　宽叶薹草

1. 植株　2. 鳞片　3. 果囊　4. 小坚果

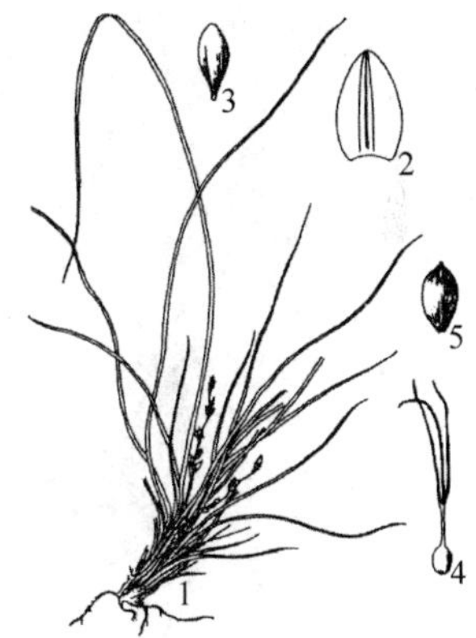

图 244　低矮薹草

1. 植株　2. 鳞片　3. 果囊　4. 雌蕊　5. 小坚果

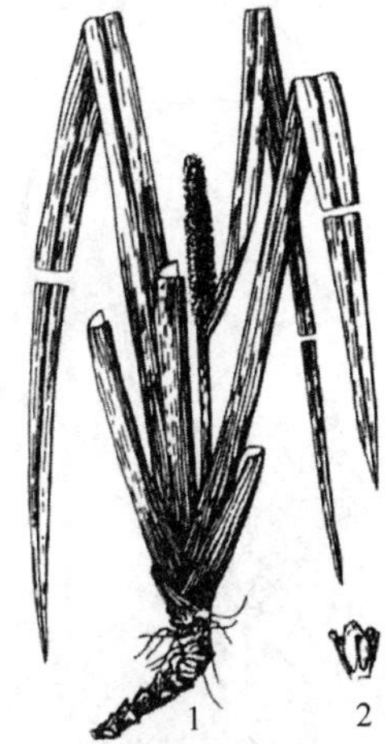

图 245　菖蒲

1. 植株　2. 雄蕊和雌蕊

图 246　天南星

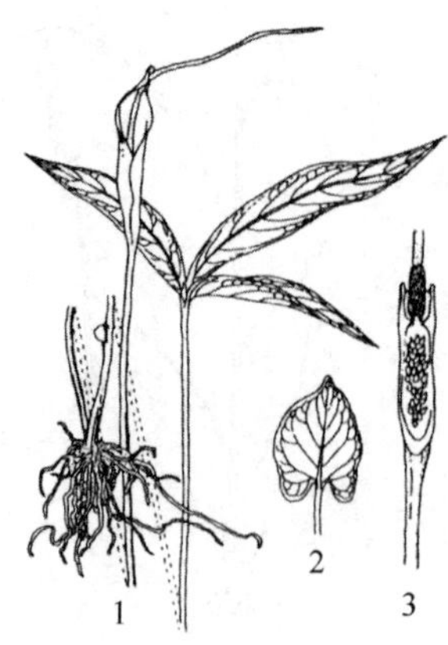

图 247　半夏

1. 植株　2. 幼株叶　3. 剖开的佛焰苞(示肉穗花序)

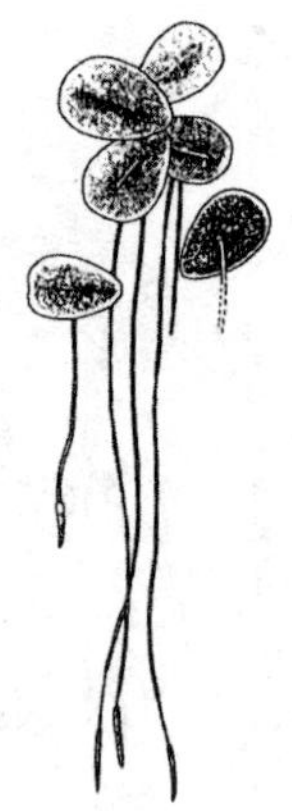

图 248　浮萍

图 249　龙须菜

1. 植株的一部分　2. 叶状枝　3. 根状茎及根

图 250　南玉带

1. 雌株的一部分　2. 雄株的一部分

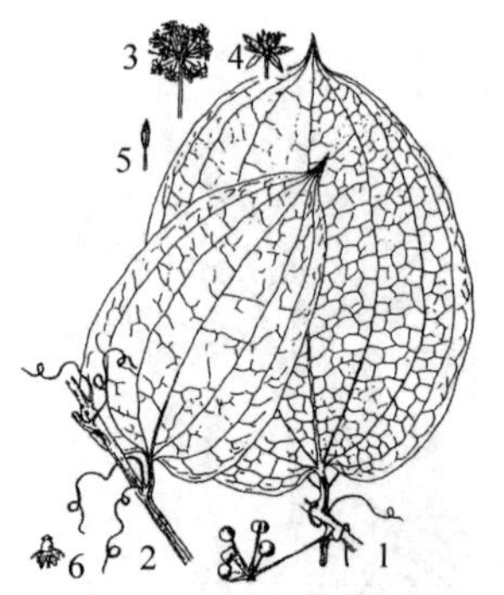

图 251　牛尾菜

1. 果枝　2. 枝的一部分示叶及卷须　3. 雄花序　4. 雄花　5. 雄蕊　6. 雌花

图 252　黄花菜

1. 花序　2. 叶　3. 根　4. 雄蕊　5. 雌蕊

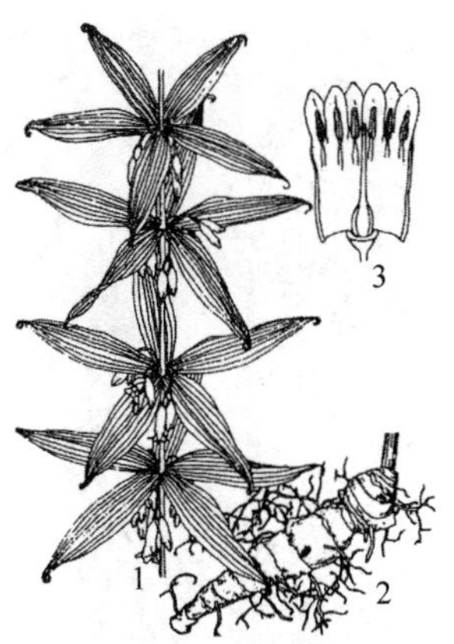

图 253　黄精

1. 植株上部　2. 根状茎及根

3. 展开的花被(示雄蕊和雌蕊)

图 254　二苞黄精

1. 植株　2. 展开的花被(示雄蕊及雌蕊)

图 255　野韭

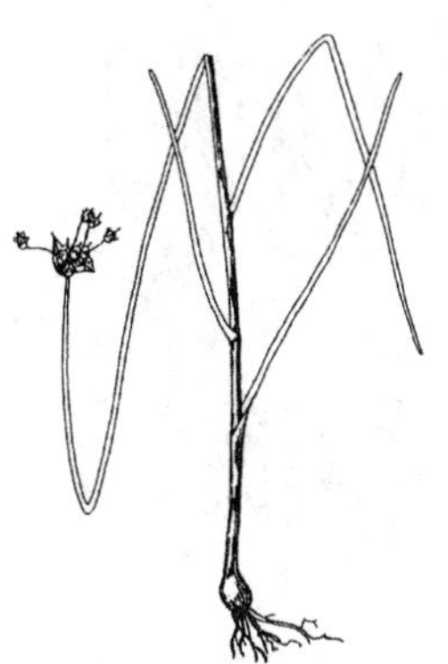

图 256　薤白

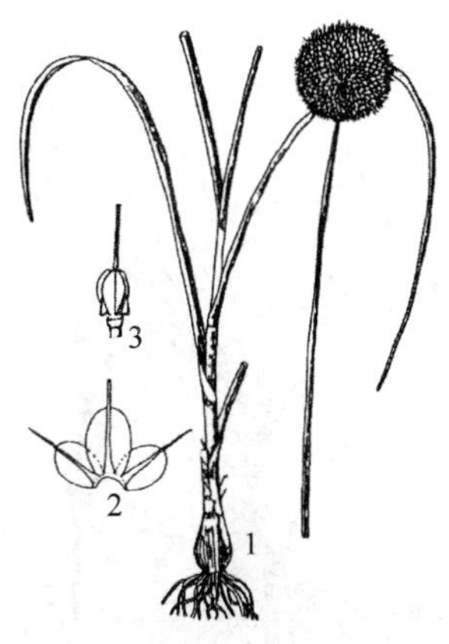

图 257　球序韭

1. 植株　2. 部分花被片及花丝　3. 雌蕊

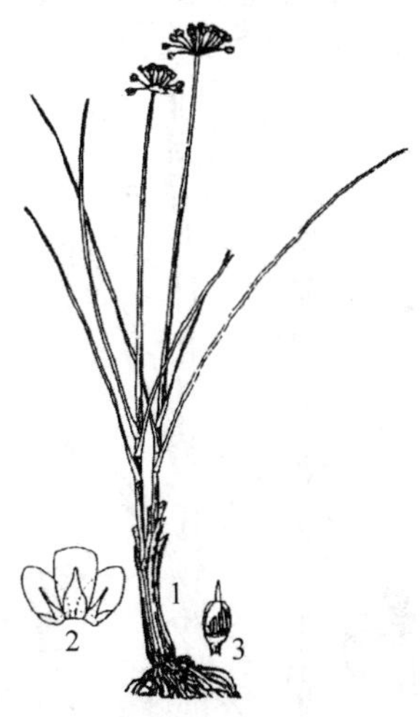

图 258　细叶韭

1. 植株　2. 部分花被片及花丝　3. 雌蕊

图 259 渥丹

1. 植株上部 2. 鳞茎 3. 内轮花被片

图 260 卷丹

1. 植株上部 2. 鳞茎

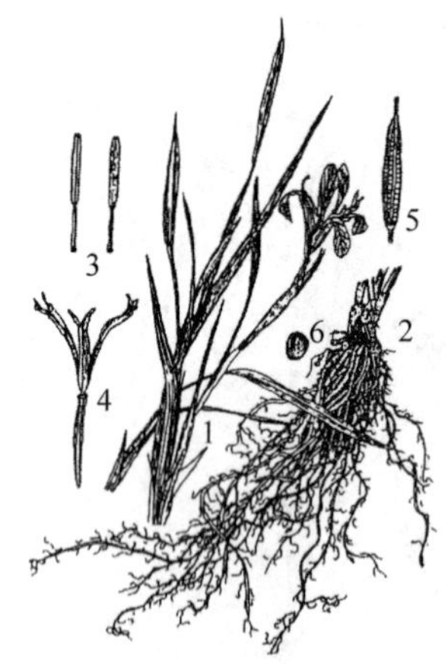

图 261 马蔺

1. 植株上部 2. 根状茎及根 3. 雄蕊
4. 雌蕊 5. 果实 6. 种子

图 262 手参

图 263 绶草

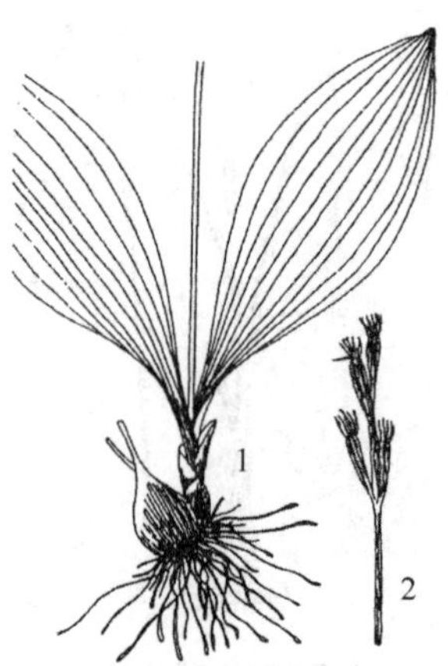

图 264 羊耳蒜

1. 植株下部 2. 果实